U0002758

STYLE

STYLE

Dress
Like
A
Londoner

探索男裝的美好，就從這裡開始

英倫紳士潮

著——

郭仲津

Contents
目錄

男裝與倫敦

「為什麼是倫敦呢？」

因為倫敦是世界上對當代男裝影響最甚的城市。

倫敦絕不只是地圖上的一個座標、某個歐洲的首都，或是一個旅行的目的地。

倫敦是一部字典，在此可以查閱到關於男裝的各項詞條；它是一個代名詞，代表了一個崇尚潮流、留心細節與重視美感的群體；它也是一個風格，一個無法以三言兩語便交代完畢的風格。

設計師湯姆·福特（Tom Ford）曾評論，「英國紳士的西裝裁縫，特別是薩維爾街（Savile Row）的裁縫，奠定了二十世紀男人的時尚標準。事實上，英倫風格已成為全世界所有男士們追求的風格，而這個影響力甚至沒有因為時裝市場漸趨休閒化而減弱。我想，談到男裝，我是一個標準的親英主義者。如果我沒有設計自己的男裝系列，我的整個衣櫃將會完全充滿來自薩維爾街的衣服。」

薩維爾街是倫敦市區裡一條具有兩百年歷史的街道，道路兩旁皆是男士們的西裝裁縫店。其中許多店鋪都已開業超過百年以上，曾來此光顧的客人不乏各國的帝王將相與社會名流。這條路全長大約四百多公

尺，慢慢散步從街頭走到街尾也不超過十分鐘，但薩維爾街本身就是一部男裝裁縫發展的簡史，而它的存在則凸顯了倫敦在全世界男裝產業舉足輕重的地位。

其實，豈止是西裝呢？倫敦對於其他類別的男裝發展也展現了深刻的影響。源遠流長且歷經兩次世界大戰而更臻成熟的軍裝文化、七〇年代以後叛逆反骨的龐克風潮，以及世界各地湧入的新移民等，尊重歷史、崇尚創意，並且包容各種文化的倫敦，孕育了它璀璨絢爛且層次豐富的時裝產業。舉凡西裝、風衣、鉚釘皮衣、牛津鞋、雀爾喜短靴，或是窄管褲；不論是從歷史的洪流中遺留下來的珍貴資產，還是在街頭無意間擦撞出的熠熠星火，這些美麗的事物逐漸雜揉成了人們口中的「英倫風」，並且隨著潮流的推移不斷成長、茁壯、生生不息。

已故的英國設計師赫迪・雅曼（Hardy Amies）曾為各位男士們建言，「男人買衣服時應該要用盡心機，穿上它們時要小心翼翼，接著便要表現出完全不在乎它們的樣子。」比起女人們可以大張旗鼓地擁抱時尚，男士們在收與放之間的拿捏相對之下充滿了學問。對男人來說，從架子上挑一件衣服到穿上它，從來都不是一件簡單的事。也就是因為不簡單，才更顯現出男裝的廣與深。

請你與我一起探索男裝的美好。從這裡開始。從倫敦開始。

西裝。

那些出自卓越裁縫師之手的作品是「永垂不朽的。」
沒有什麼東西會永遠過時：
但講究衣著的男士們都知道，
習慣所有的東西最終都會遭到淘汰。
女人已經習慣潮流更迭，
她們怎麼可能會懂？
「說實話，沒有女人懂男人的衣服。

——作家菲尼斯·法爾（Finis Farr）

套上燙得硬挺的襯衫，然後是襪子。接著穿上高腰且無皮帶扣環的西裝褲。褲頭內襯著雙層的帆布，令腰部感到有如被雙臂環抱般地舒適。接著對著鏡子仔細打上一條酒紅色的針織領帶。禮拜天，總得輕鬆一點！仔細注意前段領帶結束的位置，正巧在褲腰頭下方一點。若長度稍有過猶不及，便得重新來過。穿上背心，將背後的束帶繫緊，並刻意留下最後一顆鈕子不扣。在穿上西裝外套的過程中，盡情享受布料溫暖又柔滑的觸感。暫時婉拒所有號稱能排汗、抗皺或抗電磁波的化纖面料，此刻，當然要選擇純羊毛！取出一對精巧的金屬袖釦，配戴在左右兩只法式袖口上：請留意！必須要在穿上西裝外套之後才能戴上它們，否則袖釦尖銳的稜角經年累月必然會刮壞外套的細緻內裡。然後，抽出一條淡紫色的絲巾，隨意捲成一個蝴蝶蘭的樣式，插入左胸上的口袋。穿上西裝的過程，有如拆除炸彈般地一個步驟都不能出錯，卻也由此細細品味身為一個成熟男子才能獨享的樂趣。

人們總是驚慌失措地談論著三十歲到來時你將失去這個和那個。或許吧！但我們不也會得到一些意外的收穫？例如伴隨著眼角皺紋而來的一絲智慧與自信；與新陳代謝的效能同步放緩的生活步調；而開始懂得欣賞、珍藏一套好的西裝，也正是其中之一。

內著的襯衫袖長應該要能夠覆蓋腕關節，並微微碰到手掌邊緣。西裝袖子長度則應比襯衫袖長短半吋，露出一絲白色的袖口，至長也僅能與襯衫袖口相仿，剛好覆蓋襯衫袖口。

所有男人的西裝

西裝，是當代男裝發展的基石，也是目前男士們唯一的正式服裝。但談到西裝發展的歷史，卻很難只歸功於某一個人、某一間公司或某一個特定的年代。唯一可以確信的是，英國在西裝演進的過程中，絕對發揮了決定性的影響力。設計師赫迪·雅曼曾發出以下的評論：「根本就沒有男裝設計師，一切都只是歷史！全世界的西裝都源自一六七〇年代的英格蘭西裝。」當然，這番話或許有些極端。但無疑地，他提醒了我們西裝之於男裝，以及英格蘭之於西裝的重要性。

西裝最初的萌芽可以追溯到十七世紀末期的英國。當時的英國國王查理二世（Charles II）所穿著的長外套、背心與過膝馬褲，便是今天三件式西裝的雛形。由於英國與荷蘭當時發生多次戰爭，查理二世希望所有的貴族都能共體時艱，崇尚儉樸，所以禁止了各種名貴珍稀的面料，或是做工繁複的細節，並且讓西裝從此走入以深色布料為主的時代。到了十八世紀，為了方便騎馬，長外套開始縮短，衣服也變得越來越合身，終於慢慢變成了今天我們所看到的西裝的模樣。

值得注意的是，這個時期的西裝都是量身訂製的，能負擔得起一套西裝的往往也都是上層社會的菁英分子。二十世紀中葉時，英國品牌

男裝的許多優美之處，皆是來自細節——有時候，甚至是一些已經被視為落伍而逐漸被人遺忘的細節，而西裝袖口的活動釦眼正是其中之一。

Montague Burton開始使用「標準尺寸」來大量製作成衣西裝。購買一套西裝,不再只是少數人的專利;穿著一套西裝,也被社會所有階層公認為男士正式裝束的標準。

至此,西裝,終於成為所有男人的西裝。

肩線與腰線

對女人來說,一個迷人的男性必備的特質便是肩膀與腰部的比例。而選購一套合身的西裝亦是如此。因此,試穿一套西裝時,請先檢視肩線。肩線太窄,顯得肩小頭大、比例變差;肩線太寬,舉手投足之間會顯露出空洞感,像穿了別人的衣服。

其次便應該檢視「腰線」。最佳的西裝剪裁,應該讓男人展現出微微的倒三角形,而完美的腰線就是其中的關鍵。從前西裝講求從容優雅,扣上釦子之後,在身體與西裝間應該可以容納一個拳頭。但今日的型男們喜歡把腰線收得更緊,以扣上釦子不產生皺紋為原則。鬆緊視乎個人喜好,但基本上理想的腰線,應該落於上述這個範圍之內。

你還在扣西裝最下面的釦子嗎?

如果當你看到這個段落時正好穿著西裝,請看一下你是否把所有的釦子都扣上了?

西裝不管是三顆釦還是兩顆釦,最下面一顆釦子都應該打開。雖然時裝不應有鐵律,但此慣例卻是到目前為止在歐洲仍被普遍接受與承認的一個風尚。如此的穿法,在社交活動中不但最不容易出錯,所塑造出來的西裝曲線也最流暢。

以單排釦西裝來說，三顆釦西裝適合身材修長、玉樹臨風型的男人。基本的穿著方式為扣上第一、二顆釦子。許多義大利式的西裝，尤其是拿坡里式的，領片的部分沒有燙死，而是自然地摺疊在胸前，此時只應扣上中間的釦子，外觀看起來宛如兩顆釦西裝，人們稱這種外套為tresu due giacca（three-on-two jacket）。兩顆釦或一顆釦的西裝適合胸肌寬闊的男人，只需扣上第一個釦子即可。無論幾顆釦子，腰線都應該落在肚臍上方一點，若剛好在肚臍會顯得有些老氣，下半身比例也會變短。

雙排釦西裝應該也要留下最後一顆釦子不扣，但若剪裁非常合身，有些男士會將全部的釦子扣上。

領片越窄越時尚？

領片分為西裝領（notch lapel）、劍領（peaked lapel）與絲瓜領（shawl lapel）。絲瓜領常見於男士晚宴服，一般不適用於工作使用的正式西裝。劍領在二、三〇年代風靡一時，比西裝領更正式，也更具有權威感。西裝領則是最常見的一種選擇。

無論是哪種領片，最近男士們常有的疑問便是：是否領片越窄的西裝便越時尚？答案當然沒有那麼簡單。其實領片寬窄與西裝的剪裁是互相呼應的。肩窄腰窄的西裝，通常會搭配窄的領片，適合身材較為瘦削的男士；肩寬腰窄的西裝所搭配的領片就會寬一點，適合上半身魁梧的人。

Dior Homme是引領窄身西裝剪裁的先驅，因此領片也比一般品牌更窄一些；而近年最炙手可熱的Tom Ford，因為崇尚四、五〇年代的風格，所以寬闊的領片就像兩片翅膀，輕輕服貼在男人的胸膛上，呼應了

Bates紳士帽；襯衫、西裝、領帶、口袋方巾、牛津鞋，皆來自Tom Ford。

他們肩寬腰窄的剪裁，也更強調了型男們倒三角形的上半身線條。

其實，只要是剪裁得宜的西裝，穿起來都很出眾，領片則是根據其剪裁衍生出來的特色。各位男士千萬別本末倒置了！

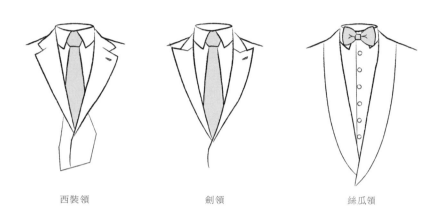

西裝領　　　　　　　劍領　　　　　　　絲瓜領

袖子的長度是否很重要？

當一個男人穿著西裝時，袖子是很容易被忽略的地方。但別忘了，細節往往才是顯示個人品味的關鍵。

首先，當你在檢視自己的袖長時，千萬不要將雙手平舉至胸前。因為當你這樣做時，無論如何，你的袖子看起來都很短。正確的檢視方法是將你的雙臂自然下垂。原則上，內著的襯衫袖長應該要能夠覆蓋腕關節，並微微碰到手掌邊緣。西裝袖子長度則應比襯衫袖長短半吋，露出一絲白色的袖口；至長也僅能與襯衫袖口相仿，剛好覆蓋襯衫袖口。然而，今日的英倫型男們喜歡把袖子修得更短，甚至有比襯衫短了一吋者，好讓他們在一舉一動間，露出他們精心搭配的袖釦。

單岔、雙岔，有沒有差？

西裝背後的開岔可以分為無開岔、單岔及雙岔。談到這三種開岔，常常會有人說道：從前英國人以馬代步，為了方便坐在馬背上，因此英式西裝多為雙岔；義大利男人愛美浮誇，量身訂做時為求合身，因此常不開岔；美國人簡單隨興，索性將雙岔改為單岔。此種說法或許可以當作有趣的小故事，但若要套用在今日的男裝則顯得有些牽強。

目前每一家製作西裝的男裝品牌皆同時推出單岔及雙岔的款式。至於無開岔的西裝外套，除了偶爾會出現於訂製的晚宴服外，幾乎已在成衣界絕跡。即便你走進擁有七十年歷史的義大利男裝品牌Brioni位於布魯敦街（Bruton Street）的店鋪裡，也無法在架上找到一件沒有開岔的西裝外套，甚至絕大多數的外套竟然都是開雙岔的！

單岔一般給人的印象較為現代、年輕；雙岔則較為傳統、優雅。以穿衣者的身形來探討，臀部厚實的男人，穿了單岔的西裝容易將岔撐得太開，影響美觀。若穿上雙岔的西裝，因為兩邊都有開岔可以調節，西裝背後的布可以自然地覆蓋住臀部。

此外，許多歐洲男士認為，雙岔可以讓背部的線條看起來更平順，且若將一隻手插進口袋，也不會拉扯到背後一整半邊的布。

雙岔

單岔

無開岔

理想的西裝褲長度

深受紳士們擁戴的英國品牌Dunhill曾在廣告中寫道，褲子只有三種長短：太短、太長，或是剛剛好。那麼，到底西裝褲多長算太長？多短算太短？

一般來說，褲長的理想範圍在剛好遮住腳踝到稍微遮蓋鞋子上緣之間。短而合身的褲子看起來年輕、充滿朝氣；長一點的褲子則看起來從容又優雅。但若褲腳積了一堆布在鞋面上就像穿錯了尺碼，會顯得很沒有精神。特別要注意的是，如果你決定要嘗試短一點的褲子，記得要順便修改你的褲身，讓它更服貼一點。另外，也別忘了穿上一雙漂亮的襪子（偶爾視天氣、場合也可以不穿襪子）。

長版、短版，怎樣才有型？

傳統上來說，西裝的長度應該要能覆蓋整個臀部。但自從美國設計師湯姆·布朗（Thom Browne）一舉打破了這個規則，進而不斷潛移默化整個男裝設計，讓男士們的西裝越來越短。今日即便是歐洲的品牌，也充斥著許多短版的設計，這對於平均身高相對沒那麼高挑的亞洲人來說，可是一大福音。

標準版的西裝看起來從容、優雅又大器；短版的西裝看起來年輕、有活力。例如DSquared2的西裝皆偏短版，符合其品牌當代、都會的形象。而像Gieves & Hawkes這種處處向英倫傳統致敬的品牌，其店內便充滿了一套套有著傳統格紋面料所製成的標準長度西裝。

西裝下襬也是可以透過修改來做改變。一般來說，只要不影響下襬到口袋在視覺上的比例，修短一吋到兩吋左右都不是問題。

襯衫、西裝、領帶、皮帶、短靴，皆來自
Saint Laurent Paris。

內外兼修：西裝的結構

影響一套西裝價格的因素很多，例如布料的使用（是山羊絨與蠶絲混紡，還是化纖布料？），以及製作精良程度（是由有經驗的老師傅手工完成，抑或大量生產、大量製造），而一套西裝的「結構」也是其中之一。

西裝的結構就是內襯（canvas）的使用方式。在西裝布料與內裡中間，其實還有一層內襯，而根據這層內襯的面積涵蓋多寡與材質，區分為全襯（full canvassed）、半襯（half canvassed）、貼襯（fused）與無襯（no canvassed）結構。

內襯一般都是用馬毛製成的，使用的目的是藉由充滿韌性的內襯來形塑出身體的曲線與弧度，讓西裝看起來更挺拔、更有分量。全襯的覆蓋位置是由肩部到下襬，不包含兩隻袖管與背部；而半襯則是由肩部到胸部下緣。雖然全襯與半襯西裝的差別只有自胸部下緣到下襬，但是價格卻有一段差距。其中最主要的原因在於將內襯手工固定在布料上所需花費的時間成本。

貼襯是透過加熱的方式，讓一面帶有膠水的帆布直接黏在西裝布料上。由於布料與貼襯之間是完全密合的，因此西裝看起來會顯得有些僵硬。並且當你的西裝在不幸淋到雨或乾洗過後，西裝表面常會出現因為貼襯膠水褪去、空氣進入而產生的凹凸不平的小氣泡。

一套全襯西裝是品質的保證，但製作過程相對繁複，因此價格高昂；而貼襯西裝則因為製作快速、便於量產而價格低廉。至於無襯結構的西裝就是只有一層布料和內裡（有時候甚至沒有內裡！），穿起來的感覺像厚一點的襯衫。值得注意的是，採用無襯結構並不是為了節省成本，而是為了滿足設計上的需求，比較常見於義大利的品牌。

Oak T恤；外套、皮帶，皆來自Tiger of Sweden；Zara九分褲；Grenson孟克鞋；Dolce & Gabbana手錶。

襯衫、西裝、領帶、口袋方巾，皆來自Delvero。

黑色的西裝最正式？

黑色的西裝是很多男士購買第一套西裝時的首選。他們的理由常常是：黑色的西裝最正式。其實，除了葬禮之外，沒有任何證據顯示有其他任何場合非要男人穿上黑色西裝不可。無論在辦公室，或是正式飯局，灰色、深藍的西裝也都非常得體。

反摺的褲腳到底流不流行？

二十一世紀是一個百家爭鳴的年代。說實話，除了喇叭褲之外，還有什麼東西是真的退流行的？

從前倫敦的馬路總是塵土飛揚，每當下起雨來又變得泥濘不堪。因此許多男士便會把西裝褲腳往上摺起，避免褲子被泥巴弄髒。後來有些人不明就裡地開始仿效，逐漸變成一種流行。

反摺的褲腳（turn-ups）寬度通常在一吋半至兩吋之間。它能給予布料更多支撐力道，所以就算褲管稍微長了一點，也比較不會癱軟無力地垂在鞋面上。

嚴格說來，反摺的褲腳比較沒有那麼正式，這也是為什麼晚宴服的褲腳通常不會反摺。

反摺的褲腳寬度通常在一吋半至兩吋之間。它能給予布料更多支撐力道，所以就算褲管稍微長了一點，也比較不會癱軟無力地垂在鞋面上。

皮帶扣環或側邊調節環？

你是否從沒想過穿西裝時不一定要繫皮帶？有一些西裝褲沒有皮帶扣環，而是在側面設有調節環。其實在成衣還沒有風行以前，所有的西裝都是量身訂製的。褲子都做得很合身，所以僅需在側面裝設調節環即可。但成衣大量生產以後，人們對於不合身的衣服、褲子的容忍度也越來越高。這時候，裝有皮帶扣環的褲子就顯得很方便了。有時候腰圍過大也可以靠著勒緊皮帶繼續穿。

裝有側調節環的西裝比較常見於崇尚英倫精神的品牌，例如Tom Ford，或是在薩維爾街的老店。此外，側調節環也容易伴隨著略為高腰的剪裁出現。但在批評它們老氣過時之前，請先試穿一下，它們很有可能是你此生穿過最舒適的西裝褲！

購入人生第一套三件式西裝

從前，人們認為男士露出褲腰是不禮貌的行為，因此會在襯衫外再穿上背心，或是在晚宴服內束上腰封。當代的男裝當然早已省去這樣的繁文縟節，但如果偶爾想要當個復古的紳士，還是得留意潛在的小規則。例如，背心要能蓋住褲腰的上緣。這也間接表示，當你著三件式西裝時，千萬別穿低腰剪裁的褲子！

通常三件式西裝的褲子會在腰部兩側加上調節環，而不會裝置皮帶扣環。但若你的褲子有皮帶扣環，此時，最好不要繫皮帶，否則腰部容易鼓鼓的，不太美觀。若褲子太大件會往下滑，則可以吊帶來代替。

如同西裝外套，背心也有分成單排釦與雙排釦。雙排釦背心在一九三〇年代曾風行一時，現在已經少見。如果想要一件雙排釦背心，千萬要

襯衫、西裝，皆來自Richard James；Chester Barrie襯衫領針；領帶、領帶別針、口袋方巾，皆來自Lanvin。

記得前襟交合處一定要夠低，當你扣上西裝時，才不會看到背心的兩個領片，造成視覺上過度複雜。

袖口的活動釦眼

男裝的許多優美之處，皆是來自細節——有時候，甚至是一些已經被視為落伍而逐漸被人遺忘的細節。而西裝袖口的活動釦眼（working buttonholes）正是其中之一。

從前醫師們總是穿著西裝替病人動手術。為了避免鮮血沾上袖口，袖口的開岔皆是縫上真正的釦眼，以方便醫師們在必要時能解開釦子，捲起衣袖。

現代人的服裝選擇甚多，已經沒有什麼場合是非要穿著西裝的男人挽起袖子不可的。因此為了方便大量製造，以及節省成本，大部分西裝袖口的釦子皆直接縫在外面那層布上，沒有辦法像正常鈕釦一樣開合，僅具裝飾功能。

但仍有一小群人堅持製作帶有活動釦眼的袖口。若有幸穿上一件這樣的西裝，無論袖口是三顆釦、四顆釦，還是五顆釦，請將最後一顆打開，自傲地向人們宣示此西裝較為講究的細節吧！

運動夾克、狩獵夾克與夾克

或許是西裝褲破了個洞，或許想在禮拜五稍作休閒一點的裝扮，有些男士們會把西裝的外套拿來與其他的休閒褲混著搭配。但求好心切的男士們請留意，如此是很容易弄巧成拙的！因為並不是每一件西裝外套都適合拿來單獨穿著。事實上，一般的商用西裝外套永遠都應該

搭配相襯的褲子！至於想要讓自己的衣櫃多些能應付介於正式與非正式場合的生力軍，則應該考慮單穿的外套，例如在英國常見又歷史悠久的運動夾克（sport jacket）、獵裝夾克（hunting jacket）與夾克（blazer）。

運動夾克的口袋款式通常是有蓋口袋。此外，由於戶外活動常會有磨損，因此袖子手肘處常設計有麂皮補丁。

運動夾克之所以以「運動」為名，正因為最早是設計給男士們從事戶外活動的。因此，外套的結構通常比較鬆軟服貼，布料則選用較為厚實強韌的，例如斜紋軟呢（tweed）或法蘭絨（flannel）等面料。布料設計上也常常帶有威爾斯王子格紋（Prince of Wales check）或魚骨紋（herringbone）等。運動夾克的口袋款式通常是有蓋口袋（flap pocket）。此外，由於戶外活動常會有磨損，因此袖子手肘處常設計有麂皮補丁（suede elbow patch）。

狩獵夾克與運動夾克皆帶有非常濃厚的鄉村色彩。兩者最大的不同處便是，狩獵夾克的前襬剪裁會切得更開，以方便在馬上騎射。此外，為了更容易塞入彈匣，狩獵夾克通常會裝上貼袋（patch pocket），甚至是帶有褶子的貼袋。衣服的內裡則必須有一個夠大的口袋，以確保在對野外的雉雞糊里糊塗開了兩槍後，能夠隨時從懷裡取出扁平的威士忌酒瓶喝上幾口！

西裝源自於一六七〇年代的英格蘭，也是目前為止男人們唯一公認的正式服裝。

SUIT

夾克除了沒有相襯的褲子外，在布料的選擇上也與一般常見的商用西裝不太一樣。常見的布料像是雙線斜紋織布（serge）、鳥眼織紋布料（birdseye）、法蘭絨面料（flannel）或亞麻等。在觸感上比一般商用西裝的布料更粗糙，顏色則更為飽和明亮，布料設計上通常是素色、沒有格子或其他花紋。此外，夾克的釦子常是金屬製的，而非一般的牛角釦子。一件典型、帶有俱樂部色彩的夾克會在領片與袖口鑲上一圈不同顏色的滾邊，並在左胸口袋上縫有巨大的俱樂部徽章（例如劍橋快艇俱樂部或溫布敦網球俱樂部）。此外，夾克也更常使用貼袋樣式，而非西裝外套較常見的有蓋口袋或單嵌線袋（jet pocket），看起來較為休閒。但若搭一件熨得筆挺的襯衫、棉質長褲、有跟便鞋（loafers），又能顯得極為講究入時。

許多倫敦人仍堅信，一件海軍藍、帶有金色金屬釦子的夾克，是一個男人衣櫃裡最實用、最不可或缺的一員。

Burberry高領毛衣；Hackett獵裝外套；
Dolce & Gabbana牛仔褲。

Store guide

何處購買以品質
擄獲人心的西裝？

Ermenegildo Zegna

☞ 37-38 New Bond Street, W1S London

✆ +44 (0) 207 518 2700 (Ermenegildo Zegna & Zegna Sport)

☞ 124 New Bond Street, W1S London

✆ +44 (0) 207 495 8260 (Z Zegna & Zegna Sport)

成立超過一百年的男裝品牌，目前是由家族第四代經營。Zegna最為人熟知的便是製作出各種品質精良的布料。來自澳大利亞的美麗奴羊毛、秘魯的羊駝毛、外蒙古的山羊絨等，經過Zegna的毛紡織廠，都變成了又輕又軟、令人驚豔的面料。 除了是許多高級西裝的布料供應商之外，Zegna自己製作的西裝長期以來也深受男士們的喜愛與推崇。

Tom Ford

☞ 201-206 Sloane Street, London, SW1X 9QX

✆ +44 (0) 203 141 7800

☞ Selfridges, 400 Oxford Street, London, W1A 1AB

✆ +44 (0) 800 123 400

身為一個美國設計師，但其風格同時深受英國薩維爾街及義大利裁縫的影響。著迷於四〇年代對服裝豪華講究的精神，Tom Ford的西裝永遠令穿著者散發著復古、優雅、從容不迫但又讓人無法忽視的迷人風采。雖然品牌成立僅短短十年，但一套Tom Ford西裝，無疑已成為許多倫敦男士們夢寐以求的逸品！

Brioni

☞ 32 Bruton Street, Mayfair, W1J6AR

✆ +44 (0) 207 491 7700

成立於二次世界大戰後的羅馬，Brioni一直都是義式西裝的捍衛者，以及頂級男裝的代名詞。雖然沒有自己的羊毛製坊，但對於所有使用的原料採取近乎挑剔的把關。Brioni據說是第一個讓男士走上伸展台的男裝品牌，同時也是經典人物龐德（James Bond）多部電影的西裝提供者。走進位於布魯敦街的旗艦店，你將會有恍若置身某義大利別墅的錯覺。在此提供量身訂製與成衣。成衣的剪裁較適合體型壯碩者。

緊，還要更緊！
在這兒可以找到
適合體型瘦削者的西裝

Dior Homme

☞ Harrods, 87-135 Brompton Road, SW1X 7XL, London

✆ +44 (0) 207 730 1234

☞ Selfridges, 400 Oxford Street, London, W1A 1AB

Saint Lauren Paris

☞ 171-172 Sloane Street, London, SW1X 9QG

✆ +44 (0) 207 235 6706

☞ Selfridges, 400 Oxford Street, London, W1A 1AB

✆ +44 (0) 207 016 7980

Sandro

☞ 31-32 King Street, Covent Garden, WC2E 8JD

✆ +44 (0) 207 240 3101

☞ Selfridges, 400 Oxford Street, London, W1A 1AB

✆ +44 (0) 207 318 3258

Kooples

- 07 South Molton Street, Mayfair, W1K 5QL
- +44 (0) 20 7499 5211
- 22 Carnaby Street, Lodnon, W1F7DB
- +44 (0) 20 7734 8020

Tiger of Sweden

- 210 Piccadilly, London, W1J 9HL
- +44 (0) 207 439 8491
- Selfridges, 400 Oxford Street, London, W1A 1AB

尋訪最具有 濃厚英倫風味的西裝

Gieves & Hawkes

- 1 Savile Row, London, W1S 3JR
- +44 (0) 20 7432 6403

成立將近兩百五十年，Gieves & Hawkes無疑是最具有代表性的英倫西裝店之一。最早為英國軍隊與皇家海軍製作制服，而後開始製作一般西裝，其品牌歷史也宛如一段小型的西裝發展史！走入位於薩維爾街的旗艦店，處處能看見Gieves & Hawkes與英國皇室的緊密關係。目前仍持有HM The Queen、HRH The Duke of Edinburgh，以及HRH The Prince of Wales三項皇室認證。

Paul Smith

- 9 Albemarle Street, Mayfair, W1S 4BL
- +44 (0) 20 7493 4565

如果前述的Gieves & Hawkes代表的是傳統嚴謹的英國紳士，那麼Paul Smith便是代表輕鬆詼諧，總是賣弄著英式幽默的東倫敦文藝青年。Paul Smith的西裝年輕、實穿又都會，卻又總是不經意地洩漏出骨子裡流淌的英倫血脈。

Alexander McQueen

- 9 Savile Row, London, W1S 3PF
- +44 (0) 20 7494 8840

許多人對McQueen的印象停留在骷髏印花絲巾，或是Lady Gaga腳下宛如異形般的高跟鞋，卻鮮少人知道他與西裝的淵源甚深！還未成名前的少年麥昆（Lee Alexander McQueen）曾經在老牌西裝店Gieves & Hawkes做過裁縫學徒，成名之後也未遺忘對西裝的熱愛。二〇一三年初，遵循其遺志在薩維爾街上開幕的店鋪便是以西裝裁縫為主題的旗艦店。店內除了提供成衣之外，也提供量身訂製與全訂製的服務。

Vivienne Westwood

- 44 Conduit Street, Mayfair, W1S 2YL
- +44 (0) 20 7439 1109

一個充滿龐克元素，並始終向英國傳統挖掘靈感的品牌。Vivienne Westwood的西裝另類又有趣。例如，她曾為男士設計了一款西裝，外套內逢上一件背心，看起來就像是三件式西裝，並且在正面用一條鍊子取代一般的鈕子。這個設計當時推出就風靡一時，因此現在幾乎每一季都會推出類似的設計。還有不對稱的西裝外套也是Westwood的經典設計之一。

Hackett

- 193-197 Regent Street, London, W1B 4LY
- +44 (0) 20 7494 4917

提供較為親民的價格，但這間擁有三十五年歷史的店鋪絲毫沒有向品質妥協，同時也不斷向眾人證明自己純正的英國血統。走進位於攝政街（Regent Street）的旗艦店裡，便可以看到成套的西裝、威爾斯王子格紋的狩獵夾克、帶有金色鈕子的海軍藍雙排釦夾克等。若一時看得眼花撩亂、頭暈腦脹，便請沿著古典的木造樓梯拾級而上，來到二樓的附設吧台，像個典型的英國紳士那樣，點一杯杜松子通寧水，然後一飲而盡。

James Duncan

—— 《*Esquire*》雜誌推薦最會穿衣服的蘇格蘭男人

Q 請問你在倫敦住了多久？

A 我在倫敦住了三年。之前大部分時間住在蘇格蘭的愛丁堡。

Q 如果你有一個悠閒的下午，倫敦的哪裡會是你想要消磨時光的地方呢？

A 看情況。天氣好的時候，我喜歡待在梅菲爾區（Mayfair）的蒙特街（Mount Street）。我覺得那裡是倫敦最美的一條街，街道兩旁還有很多漂亮的精品店。找一個咖啡廳坐下，看著街上駛來的高級轎車、跑車，打扮講究的男男女女，我覺得很有意思。如果是天氣糟糕的時候，我喜歡去Bob Bob Ricard。Bob Bob Ricard的樓下是酒吧，樓上是餐廳。推開大門以後，彷彿瞬間回到了一九二〇年代。所有的傢具、燈具、壁飾、服務方式等，都充滿復古的時代感。因為這裡最重要的是室內氣氛，就算外面是狂風暴雨，我也可以度過愉快的下午。

Q 對你來說，哪裡是倫敦最佳的購物地點？

A 我喜歡到處走走看看，所以不一定會在哪一個區域。我喜歡經典的樣式，所以我最喜歡的品牌是Ralph Lauren還有Hackett。我也喜歡在薩維爾街上逛逛。如果是平價通路的話，我喜歡Massimo Dutti，或是卡納比街（Carnaby Street）上的El Ganso。

Q 你旅行過許多城市，對你來說，倫敦是一個時尚的城市嗎？

A 倫敦是一個非常時尚的地方。如果以米蘭、巴黎、倫敦來比較，米蘭的男人非常會打扮，但有時候為了求好心切會不惜鋌而走險。巴黎的男人打扮很講究，但主要目的是讓自己看起來很高尚。從另一個角度來說，他們比較品牌導向，甚至有點勢利眼。倫敦就完全不一樣，你會看到各種不同的風格，有的很經典，有的很前衛，個人風格非常強烈。

Q 從你的角度來看，一個當代男人的衣櫃裡，絕對要有的三個單品是什麼呢？

A 一件海軍藍的雙排釦西裝外套，一雙焦糖色的雕花鞋，還有一條口袋方巾。至少要有一條。如果你真的只有一條的話，那最好是白色的。

Q 在夏季與冬季時，你最常穿的分別是什麼呢？

A 在夏天時，我喜歡穿一條奶油色的休閒長褲，搭配粉紅色或淺藍色的長袖襯衫，還有一雙海軍藍的麂皮便鞋（loafers）。冬天的話，我喜歡穿酒紅色的西裝長褲，搭配襯衫，然後是背心。我有很多背心，我喜歡有點細節的，例如不同的材質、觸感，有的是單排釦，有的是雙排釦，有的帶有絲瓜領等。然後是西裝外套、口袋方巾，最後再加上一件大衣。大衣我喜歡斜紋軟呢（tweed）的面料，但絕對不是黑的。我不喜歡穿黑的，就算是上班的西裝也是一樣。我有一個很大的衣櫃，但只有一套黑色西裝，是專門參加喪禮用的。

Q 你會如何形容你的衣櫃？

A 我的衣櫃主要都是經典的款式，而且我也越來越往這個方向去購買衣服。我喜歡一九二〇、三〇年代的風格，對我來說，那是時尚產業百花齊放的美好年代。此外，它也是個龐大的衣櫃，光是鞋子就有五十七雙。

Q 你心中最會穿衣服的男人是誰呢？

A 英國超模大衛‧甘迪（David Gandy）。當然很多人會說因為他身材很好，穿什麼都好看，或是他有他的造型師幫他打點衣服。但對我來說，每次看到他，我都會眼睛一亮，覺得「哇！這樣穿真好看」。

Q 可以談談你今天穿的衣服嗎？

A 我穿的是一件海軍藍雙排釦雙岔西裝，是我的朋友幫我量身訂做的。口袋方巾是參加活動的免費贈品。領帶、袖釦分別是在愛丁堡與斯德哥爾摩的二手用品店買的。至於鞋子則來自Church's。

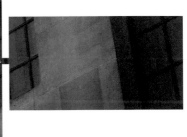

SHIRT

「打扮得宜與穿著入時都是必要的。
至於尋找人生的意義則不然！」

——作家奧斯卡・王爾德（Oscar Wilde）

襯衫。

由 於現在是仍帶著暑氣的初秋，因此決定將西裝外套留在辦公室的椅背上。在這樣一個準時下班的周五，照例要與同事們去酒吧小聚。如同事前所精心設想的，為了能在酒吧暢飲時挽起袖子，你刻意選了一件不需配戴袖釦的襯衫。潔白的埃及棉面料堅韌又透氣，服貼的剪裁清楚勾勒出肩部與臂膀的線條。布料本身雖無彈性，但背部中央由上而下貫穿的褶子，令你在三杯黃湯下肚、高聲地手舞足蹈時，仍能舒適地伸展雙臂。覆蓋至臀部的標準長度，則讓你在從吧台端著兩杯啤酒回到座位的途中，襯衫下襬不會因為身體的扭動而無法抑制地往上溜去。終於到了最重要的時刻：你捲起了袖子，露出令所有歐洲人趨之若鶩的古銅色皮膚；飲酒時卷曲的右手，令堅硬飽滿的上臂微微地鼓脹起來。杯中的金黃色液體，與珍珠貝磨成的釦子相映成趣。但你的心已不在此。鄰桌的女孩不時與你相互凝視。儘管每次不超過三秒，但你仍決定放手一搏。將杯中的啤酒一飲而盡，向她走去。成功與否已不重要，因為你的英雄形象已卓然而立。

領襯是塞在襯衫領子裡的小玩意，可以幫助領子更挺，領角不會因為洗過多次而向內蜷縮。而一副好的領襯，通常是由金屬、珠母或玳瑁打造的。

男士們的親密戰友

男人穿著襯衫的歷史可以追溯到
十五世紀以前,而且最初的功能如
同「內衣」,襯衫本身不暴露於外,
襯衫外會穿上其他華麗的衣服。由
於直接與皮膚碰觸,因此襯衫在
當時也被認為是保持清潔的重要
一環。由於每日洗澡的觀念並不普
及,因此能夠每日丟掉前一天的舊
襯衫、穿上一件嶄新潔白的亞麻襯
衫被認為是一個彰顯財富地位的
行為與重要的衛生習慣。由於襯衫
本身幾乎不會被單獨穿著示人,上
面總是會覆蓋其他更華麗的衣服,
因此唯一會露出來的「領子」就成
了呼應潮流變化的重點。男士們層
層疊疊的花式翻領,或是極簡的立
領,都可以在中世紀的畫中找到蛛
絲馬跡。

Thomas Pink吊帶:襯衫、西
裝,皆來自Richard James;
Chester Barrie襯衫領針;領
帶、領帶別針、口袋方巾,皆來
自Lanvin。

第一款設有「穿入式鈕釦」的襯衫誕生於一八七〇年代，在此之前的襯衫都是直接從頭上套入的。這時候的襯衫可以算是現代襯衫的雛形，並且與西裝已經是形影不離的好拍檔。每天得穿著襯衫上班的男士們都知道，經過一天的奔波之後，襯衫的領口與袖口多多少少一定會沾上污漬，長期下來耗損得非常快，每一季添購一些新的襯衫好像還是無可避免的。原來經過了數百年的時間，襯衫雖然脫離了被當作內衣的命運，但依然還是伴隨著男人們每日出生入死最親密的戰友。

挑選一件合身的襯衫

領子：剛好能容一根手指的寬鬆度。

肩寬：車縫線剛好對齊肩膀的最外緣。

袖長：能夠覆蓋手腕與手掌的交界處，大約比腕骨多一吋。

袖寬：當然不能太寬，但也不能窄到曝露出手臂的形狀。太窄的上臂剪裁會令你的衣服看起來像件女用襯衫。

衣長：覆蓋到臀部左右，以確保當你活動時衣服下襬不會一直往上滑。

衣寬：這是大部分男士最在意的部分。現在各大品牌皆至少有推出 tailor fit 與 slim fit 兩種不同的版型。但須注意的是，即便已標示為 slim fit，每家的剪裁仍然差異甚大。基本上，合身的襯衫腰部不應有超出三吋的多餘布料。

是否該在正式襯衫內穿上內衣？

若向紳士們提出上述的問題，十之八九都會告訴你此舉實屬多餘，因為在穿正式襯衫時，露出內衣圓形領口的痕跡，實在不太好看。

襯衫、西裝、口袋方巾，皆來自Spencer Hart。

擁護內衣一派的人，其理由不外乎是以下幾點：一、為了衛生。這點在內衣剛發明之初的確成立，但現在我們活在一個天天盥洗、襯衫穿一次就洗的年代，在衛生條件大幅提升下，實在沒有必要如此大費周章。二、為了保暖。那為什麼不去買件厚的法蘭絨襯衫，或是加條圍巾？這不也正是它們被創造出來的目的嗎？三、害怕太薄的襯衫會暴露出身體的線條？或許你需要的是開始上健身房，或是扔掉所有太薄的襯衫。

只有以下三種人適合在襯衫內穿上內衣：全天候皆汗流浹背者，對大部分的襯衫布料過敏者，或是想惹惱英國紳士者。

襯衫領子

襯衫領子為何重要？其重要性，正猶如畫框之於畫作。不同形狀的領子適合不同的臉型、影響了打領帶的方式，以及適合的場合。

標準領（classic collar）

一種永遠不會過時、永遠不會出錯的領子。領片通常很挺，或是裡面塞有領襯（collar bone），無論打不打領帶都很適合。也有以同樣張開的角度所做成的圓角領（club collar）。圓角領也能應用在正式場合，但相對之下，顯得比較輕鬆。

劈開領（cut-away collar）

雖稱為劈開領，但仍有不同的角度。兩個領片張開的角度似乎沒有一定的規則可循，只要兩個領片間呈現鈍角三角形即可。劈開領看起來年輕又專業，適合各種不同的領帶、不同的場合。尤其適合臉型尖長的男士。

長尖領（pointed collar）

兩領片之間呈現一個銳角三角形。適合臉型較為方圓的人。另外，雖無明文規定，但最好配戴上領帶。若未配戴領帶，襯衫領子時而敞開，會因為兩個領片尖的角度小而顯得有點奇怪。

雙釦領（button down）

一種非常美式的襯衫領子，最早起源於馬球競賽。馬球選手們為了避免風將領子吹起，妨礙視線，因此將兩個領片末端以釦子固定在襯衫上。由於領片上縫有釦眼，因而無法插入領襯。此外，領片內通常也不會熨入太厚的帆布內襯，所以領子看起來軟綿綿的，比較適合作為休閒用。

帶針領（pinned collar）

此種領子的特色是利用一根金屬棒將兩片領子連結起來。金屬棒的位置正坐落在領帶結的正後方。其目的是將領帶的結往前推，使之看起來更立體。金屬棒的固定方式有兩種，一種是在兩個領片上打洞，使金屬棒能穿過；另一種則是單純使用夾式的金屬棒。無論是哪一種，配戴領帶是必要的。感謝Tom Ford，讓這種復古的款式又流行了起來。

SHIRT ✕

襯衫是男士們每日征
戰商場的盔甲，而袖
釦則是他們最貼身
的珠寶。

繫帶領（tab collar）

一款因威爾斯王子（Prince of Wales，Edward VIII，亦即後來的愛德華八世）而聲名大噪的襯衫。其特色是兩個領片之間有一個小小的、同款布料所製成的繫帶。此繫帶與帶針領的金屬棒有異曲同工之妙，目的皆是將領帶的結往前推，使之更為立體。換言之，當你穿著繫帶領襯衫時，請一定要繫上領帶。相對於帶針領，繫帶領是一個更為低調的選擇。

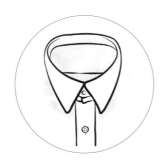

使用領襯

領襯（collar strengtheners）就是塞在襯衫領子裡的小玩意，可以幫助領子更挺，領角不會因為洗過多次而向內蜷縮。是否曾聽過，有人因為常常掉雨傘，終於決定多花點錢買一把昂貴的雨傘，以提醒自己別再弄丟的故事？此道理也可以應用在小小的領襯上：把襯衫丟進洗衣機前，有時候會忘了拿出領子裡附贈的塑膠領襯，而將它們洗到變形、扭曲、慘不忍睹，這或許意味著該是買一副好領襯的時候了，像是一副金屬、珠母或玳瑁製成的領襯。在薩維爾街上的英國老牌Gieves & Hawkes的店鋪裡，一副珠母領襯只要二十英鎊而已！

Laird紳士帽；Céline太陽眼鏡；訂製大衣；襯衫、牛仔褲，皆來自April 77；開襟毛衣、皮帶，皆來自Saint Laurent Paris。

一般袖口，還是法式袖口？

一般袖口指的是單層袖口，袖口以普通的鈕釦闔上。法式袖口則為雙層布料反摺而上，袖口須以袖釦固定。帶有法式袖口的襯衫比帶有一般袖口的襯衫更為正式。但現今在大部分的工作場合，穿著配有一般袖口的襯衫也完全沒問題。

搭配一般袖口的好處是在穿著時比較節省時間，也便於在休息時捲起袖子。搭配法式袖口雖然是比較正式的襯衫樣式，但絕對也適合天天穿著。法式袖口的好處是可以配戴袖釦，讓男士們多一個可以展示自身品味的細節。

哲明街與襯衫

如果回到沒有傳播媒體、社群網站的年代，是否也有所謂引領潮流的時尚典範呢？在兩百多年前的英格蘭就有這樣的一個人物。據說中產階級出生的花花公子布魯梅爾（George Bryan Brummell）每天要花五個小時打扮自己。他的穿著受到當時倫敦紳士們爭相仿效；他對當時服飾的一些改良也成為日後男裝穿戴的標準。而他生前最常流連忘返的地方之一便是位於倫敦市中心的哲明街（Jermyn Street）。哲明街逐漸形成於十七世紀中期，三百多年來為紳士們提供從頭（此處有超過百年的製帽者Bates）到腳（鼎鼎大名的鞋店John Lobb、Foster & Son也在此路開業）的行頭，而襯衫店更是長期受到倫敦男士們的青睞。

法式袖口為雙層布料反摺而上，袖口須以袖釦固定。帶有法式袖口的襯衫比帶有一般袖口的襯衫更為正式。

襯衫、西裝、口袋方巾，皆來自Delvero。

Store guide

提供男士
訂製襯衫服務的名店

Turnbull & Asser

✍ 71-72 Jermyn Street, London, SW1Y 6PF
✆ +44 (0) 20 7808 3000

Emmett London

✍ 112 Jermyn Street, London, SW1Y 6LS
✆ +44 (0) 20 7925 1299

Harvie & Hudson

✍ 96/97 Jermyn Street, London, SW1Y 6JE
✆ +44 (0) 20 7839 3578

擁有窄版設計的品牌

Dior Homme

✍ Harrods, 87-135 Brompton Road, SW1X 7XL, London
✆ +44 (0) 207 730 1234
✍ Selfridges, 400 Oxford Street, London, W1A 1AB

Saint Laurent Paris

✍ 171-172 Sloane Street, London, SW1X 9QG
✆ +44 (0) 207 235 6706
✍ Selfridges, 400 Oxford Street, London, W1A 1AB
✆ +44 (0) 207 016 7980

Kooples

✍ 07 South Molton Street, Mayfair, W1K 5QL
✆ +44 (0) 20 7499 5211
✍ 22 Carnaby Street, Lodnon, W1F7DB
✆ +44 (0) 20 7734 8020

Tiger of Sweden

✍ 210 Piccadilly, London, W1J 9HL
✆ +44 (0) 207 439 8491
✍ Selfridges, 400 Oxford Street, London, W1A 1AB

Topman

✍ 36-38 Great Castle Street, Oxford Circus, London, W1W 8LG
✆ +44 (0) 844 848 7487

袖釦：專屬於男人的樂趣

從前，襯衫就像是男人的第二層皮膚。除了睡覺以外，無論是去騎馬狩獵、辦公社交，還是參加晚宴，男士們總是穿著它。因此，袖釦自然也成為男士們最貼身的飾品之一。

如果你走進位於梅菲爾的伯靈頓拱廊（Burlington Arcade），便可以找到一個世紀以前Cartier為男士們打造的袖釦。黃金製的袖釦鑲嵌著祖母綠或紅寶石，看起來華麗貴重，若說它們是紳士們的珠寶，一點也不為過。此外，你還可以找到將家族徽章用琺瑯燒製成表面圖騰的袖釦，也是當時男士們表徵身分的重要配件。

現代的袖釦當然不需要那麼多象徵功能，並且在製作方式的改良與材質的改變下，一副袖釦不再需要上千英鎊了。在倫敦，你可以找到一副五英鎊的Thomas Pink繩結袖釦，八十鎊左右可以買到Paul Smith充滿想像力與童趣的袖釦；一百五十英鎊左右則可以買到Lanvin經典的珍珠母袖釦。

購入人生第一對vintage袖釦

Vintage指的是古老（幾十年到近百年）、製作精美、具有收藏價值，但又還沒有到達古董等級的物品。它們能夠彰顯某個時期特有的審美觀，展現當時的工藝技術，並且顯示使用者對於一些特定時代的緬懷與偏好，因此非常受到英國人歡迎。不論是從放在屋子裡的老傢俱，到穿在身上的舊衣服，都有一票忠實的擁護者。亞洲人沒有購買舊衣服的習慣，但若想要試著接觸這些充滿歷史的美妙事物，一副袖釦會是個很好的開始。

Store guide
店家資訊

在這裡可以找到漂亮的袖釦

Benson & Cleqq

☞ 9 Piccadilly Arcade, London, SW1Y 6NH
☎ +44 (0) 20 7491 1454

成立於一九三七年的裁縫店，因為曾經為英國國王喬治六世（George VI）製作西裝而聲名大噪。目前仍持有一項皇室認證，是為查爾斯王子（HRH Prince Charles）製作鈕釦與徽章的供應商。Benson & Cleqq店裡有一系列以琺瑯燒製出的繪有家族、軍隊、學院紋飾的袖釦，看起來既典雅又充滿英倫風味。此外，店內也提供客製化的服務，可以在金屬袖釦上刻上你的姓名縮寫或特殊圖案。

Alice Made This

☞ Regent Street, London W1B 5AH

於二〇一一年成立的設計作坊，販賣由艾莉絲設計，並且全程在英國製造的飾品。風格乾淨純粹，設計從簡單的幾何形狀到繁複的圖騰都有，但始終保持原始的金屬色澤。提供特別訂製的服務。由於是小規模的工作室，因此有訂製需求的客戶可以直接與艾莉絲討論概念與細節。

Paul Smith

☞ 9 Albemarle Street, Mayfair, W1S 4BL
☎ +44 (0) 20 7493 4565
☞ 23 Avery Row, London, W1K 4AX
☎ +44 (0) 20 7493 1287

從色彩豐富的幾何圖形，到詼諧、充滿趣味的鉛筆、蜜蜂、汽車、彎曲的螺絲起子造型，Paul Smith的袖釦反映了該品牌獨特的英式幽默。或許每一個抱怨著職場如戰場、視西裝襯衫為嚴肅戰袍的男士們，都需要在櫃子裡珍藏一副Paul Smith的袖釦！

在這裡可以找到
精緻的 vintage 袖釦

Liberty London

☞ Regent Street, London W1B 5AH

Peter Jones

☞ Sloane Square, London, SW1W 8EL
☎ +44 (0) 20 7730 3434

John Lewis Oxford Circus

☞ 300 Oxford Street, London, W1C 1DX
☎ +44 (0) 20 7629 7711

Mervyn Boriwondo

——《*Hysteria*》雜誌創辦人、造型師

Q 請問你在倫敦住了多久？

A 我在辛巴威出生，十歲時搬到倫敦，在倫敦已經住了十幾年了。

Q 如果你有一個悠閒的下午，倫敦的哪裡會是你想要消磨時光的地方呢？

A 我住在東倫敦的金絲雀碼頭（Canary Wharf）。那裡被泰晤士河環繞，有很
漂亮的河景，因此我喜歡在那一帶遊蕩蹓躂。

Q 對你來說，哪裡是倫敦最佳的購物地點？

A 我喜歡市中心，也喜歡東倫敦。就像我喜歡把平價品牌與二手衣物混合搭
配。Rokit是我很喜歡的一間二手衣店，在柯芬園（Covent Garden）和東倫敦
都有分店，可以在裡面挖掘到很多好東西。

Q 你旅行過許多城市，對你來說，倫敦是一個時尚的城市嗎？

A 當然。倫敦的獨特性在於多種文化的混合與交流。倫敦有歷史悠久的西裝裁
縫文化、紳士的文化、龐克的文化、街頭的文化等等，這些東西融合在一起
變成一種獨特又迷人的風景，而我本身也深受這些文化的影響與薰陶。

Q 從你的角度來看，一個當代男人的衣櫃裡，絕對要有的三個單品是什麼呢？

A 你要有一件西裝外套（blazer），它一定要短而合身。要有一條仿舊牛仔褲，
可以是深藍或黑色，但一定要夠緊。最後你一定要有一雙好鞋，要能兼顧休
閒或正式的場合，可以是樂福鞋，或是德比鞋。

Q 你會如何形容你的衣櫃？

A 是一個正在擴張、成長、轉變的衣櫃。隨著我的品味不斷改變，衣櫃也一直有新的東西加入。我的穿衣哲學就是「自由」與「混合」。我不會受限於任何款式、潮流，因此衣櫃也是一個大熔爐。

Q 你心中最會穿衣服的男人是誰呢？

A 奧利佛‧羅斯坦丁（Olivier Rousteing）。他是Balmain的設計師，但他不只穿他自己設計的衣服。他所代表的就是當代、時髦、輕鬆，稍作變化又可以優雅正式的風格。

Q 可以談一談你創辦的雜誌《Hysteria》嗎？

A 《Hysteria》是一本獨立發行的雜誌，每年出刊兩次。《Hysteria》非常年輕、非常前衛，最大的特色是以當期的主要模特兒為謬思，所有的造型、搭配、風格都由他為中心開始發想，然後發展成一個完整的故事。從這個角度來看，它和一般的男性時裝雜誌非常不同。

Q 可以談一下你今天穿的衣服嗎？

A 我今天的穿著實踐了我最喜歡的「混搭原則」：融合了新與舊、休閒與正式。白色T-shirt與黑色褲子都是來自COS，黑色晚宴服外套是來自二手商店，鞋子則是Converse。

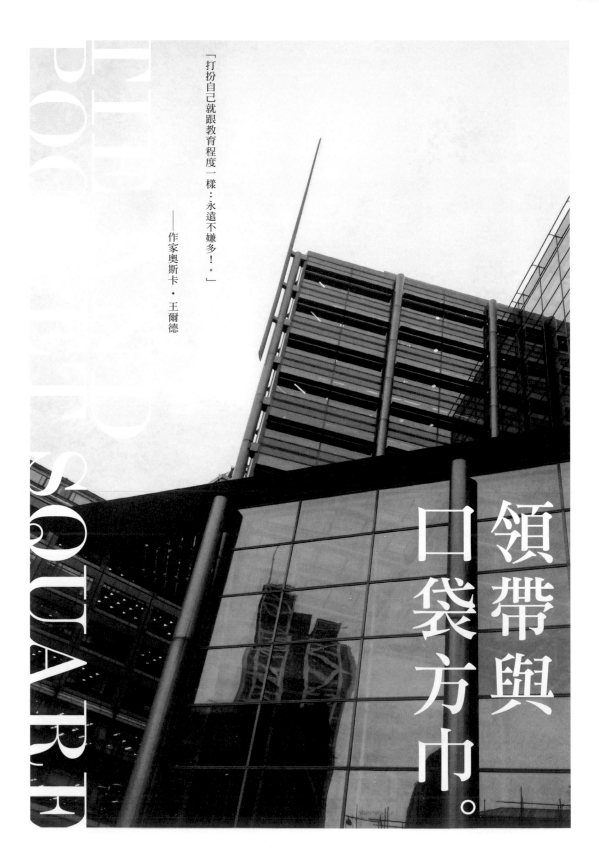

領帶與
口袋方巾。

「打扮自己就跟教育程度一樣：永遠不嫌多！」

——作家奧斯卡・王爾德

我不喜歡領帶，總覺得被它束縛得好不舒服。每天清晨，穿上前一晚燙得筆挺的襯衫，敞開兩顆鈕子，套件西裝外套，就是我出門的標準扮相。若在冬天，再圍上一條輕暖的山羊絨與蠶絲混紡的圍巾，蓋住我光溜溜的頸子，便更臻完美。

到了辦公室那昶亮豪華的大廳裡，照例與同事握手寒暄，與女士則一律親吻雙頰各一次。接著，一邊繼續進行著的熱烈討論，一邊在大廳那面豪華的落地鏡之前，彷彿著魔般地從手提包中掏出預藏好的領帶——一條紫羅蘭色的蠶絲針織領帶，然後認命地往頭上套去。帶著登台表演的心情，我熟練地繫起了半溫莎結。在眾人注目之下，調整了結的大小，使它呈現出略為傾斜的銳角三角形，飽滿且厚實。望著鏡中的自己：完美的長度，完美的形狀。我想通了：該繫上領帶的時候，就該繫上領帶！

蝴蝶蘭式口袋方巾是最華麗、最能吸引人們目光的樣式。為了要模仿蝴蝶蘭的外型，方巾最好選擇輕薄的絲巾，否則口袋可能會因為太多的折疊而顯得厚重凸出。

頸上風情

在脖子上圍一塊布料的歷史可以追溯到西元二世紀的羅馬軍團。士兵們會在脖子上綁一條紅色的絲質領巾（focale scarf）。由於領巾具有標示性的功能，所以被用來充作制服的一部分。自此，歐洲男人們脖子上的布料便多少都與軍隊制服脫不了關係。現代領帶的雛形則大約可以從十六世紀的宮廷男士穿著找到線索。那時候的領巾（cravat）已與今天的領帶有些相似，只是外型上比較短，也寬得多。值得注意的是這種領巾目前雖然不常見，卻也還沒有從當代的男裝裡絕跡，許多英國的新郎會將它視為禮服的一部分。今天細細長長的領帶則是誕生於一九二〇年代，並且很快就被公認為正式裝束的一部分。不論喜歡與否，對著鏡子打上領帶恐怕是每個男人上班前的例行公事。但領帶究竟有何作用？現今的領帶已經沒有任何實質功能，卻是整體西裝造型中不可或缺的一環：它彌補了西裝相對單調的色彩，也延續了長期以來男士們頸上的風情。

何時該繫上窄版領帶，何時該繫上寬版領帶？

此問題沒有標準答案。但為了視覺上的和諧，其基本原則是：如果你穿上領片窄小的西裝，應該搭配窄版的領帶；穿上領片寬大的西裝，則應該配上寬版領帶。因此，當你站在Dior Homme懸掛著配件的牆壁前時，也許你會留意到所有的領帶都細如兩指寬；同理，當你低頭在Tom Ford實心原木的櫥櫃裡尋寶時，也毋須訝異其最窄的領帶也將近有六公分寬。

Persol太陽眼鏡；襯衫、西裝、領帶、
口袋方巾，皆來自Tom Ford。

可以不打領帶嗎？

也許你和我一樣，三不五時喜歡抱怨一下領帶帶來的不舒適感。但其實我們必須承認，在大多數的狀況下，不舒適感其實是過小的襯衫領子所造成的。所以下次在怪罪領帶之前，先檢視一下襯衫領口，是否有可以容納一根指頭的空間。

針織領帶是否不夠正式？

針織領帶的確可以沖淡一套西裝嚴肅的感覺，在傳統之中注入一點新意，在正式之中稍作一些變化，但絕對不會令你的西裝因此變成休閒服。針織領帶歷史悠久，在六〇年代時特別受到歡迎，以史恩·康納萊（Sean Connery）在電影《金手指》中扮演的詹姆士·龐德為代表，帶起一股流行。現在這股風潮又回來了，許多倫敦的年輕人們也都成為了針織領帶的支持者。

針織領通常也是由蠶絲製成的，也有些特別為冬天設計的款式是羊毛製的。不論是蠶絲，或是羊毛製的，觸感都不如一般絲質領帶平滑。仔細看看，針織領帶的組成並非平面，而是立體的。一條條彼此相鄰、互相交織的纖維，完全彰顯出編織品的生命力！此外，由於針織領帶通常較厚，因此在配戴時建議使用駟馬車結，或是半溫莎結。

一般的針織領帶底部都是平的，這也是它們看起來比較輕鬆的原因之一。而傳統的針織領帶大多是素色、橫條紋或圓點樣式。Ralph Lauren便出產了許多這樣經典款式的針織領帶。隨著製作機械的改善，現在也有底端呈現如一般領帶Ｖ字形的針織領帶，而Tom Ford正是生產它們的翹楚。

Bates紳士帽；襯衫、西裝、領帶、口袋方巾，皆來自Tom Ford。

襯衫、西裝、領帶、口袋方巾、
皮鞋，皆來自Delvero。

領帶的打法

溫莎結（the windsor knot）
最複雜，打起來的結也最為飽滿厚實，呈現正三角形。適合領片較大的襯衫與較為典雅的西裝款式。

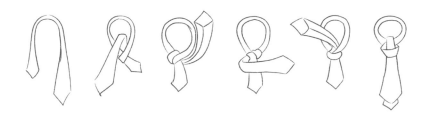

半溫莎結（the half-windsor knot）
最實用的一種打法，適用於大部分的襯衫與西裝款式。

馴馬車結（the four-in-hand knot）

最簡單的打法，打起來的結呈現傾斜狀，也比較瘦長。適合領片較小的襯衫與較為當代的西裝款式。

左胸上的藝術

從前紳士們都會在口袋裡放一條方巾，需要時拿來抹抹臉、擤擤鼻涕之類的。漸漸地，方巾的實質功能不再重要，取而代之的是裝飾性的功能。而口袋方巾的原料，也由最初的棉質，發展到目前最普遍的絲質，還有季節風格強烈的亞麻、毛料等。

口袋方巾是紳士們常常用來展現個性的配件。從顏色、面料的選擇，到摺疊插放的方式，都會不經意流洩出個人的品味。

Topman高領毛衣：Burberry西裝外套：Tom Ford口袋方巾：Uniqlo牛仔褲。

挑選口袋方巾具有療癒效果？

有人說，當一個女人心情不好時，應該讓她去選支唇膏。看著幾十種不同顏色的唇膏由淺至深一一陳列在眼前，任君選擇，便能夠暫時拋去煩惱，展現當家作主的快感。是否我們也可以借用這個屬於女人的小小祕方？下次當你心情沮喪時，試著尋訪這些五顏六色的口袋方巾。看著一條條做工別緻、摺疊精巧的小絲巾安靜地排列在托盤裡，我們不禁相信，或許它們真的具有神奇的療效！

使用口袋方巾會令人上癮？

一個禮拜總會有幾天，我彷彿毒癮發作一般，非常渴望在西裝口袋插上一束方巾。打開桃心木盒，棉的、亞麻的與占大多數的蠶絲製的口袋方巾錯落其中。即使同樣是絲質方巾，它們有的厚實而安定，有的則是輕薄滑溜。男人的抽屜裡，還有什麼會比它們更加五彩繽紛而又風情萬種的呢？我隨意揀了一條藕色帶有紫色圓點的絲巾，外圍還繞了一圈人工手捲的深色滾邊。如此製作精巧又薄如蟬翼的方巾，最適合摺

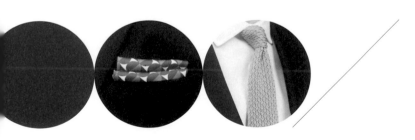

針織領帶歷史悠久，在六〇年代時特別受到歡迎，以史恩・康納萊在電影《金手指》中扮演的詹姆士・龐德為代表。現在這股風潮又回來了，許多倫敦的年輕人們也都成為了針織領帶的擁護者。

疊成一個宛如蝴蝶蘭的樣式。將方巾攤在左手掌，右手五指靈活運作，有如一隻蜘蛛飛舞。接著，將整束方巾插入口袋，並對著鏡子調整形狀。稍有不滿，便倏然抽出，再重新摺過，反覆操作，直至完美。數分鐘後，一朵淺紫色的花朵便在我的胸口綻放。

在復古的石造挑高梁柱環伺的長廊上，逛街的人潮川流不息。忙碌之中，一個以左胸為戰場的爭奇鬥豔也悄然上演著。一群東倫敦的年輕銀行家迎面而來。他們昂首闊步，穿著入時，並且一直都是本地高級成衣的忠實擁護者。在比肩交錯的頃刻之間，就這樣，勝負已定。

紳士們的內在投射──領帶對上口袋方巾

由於位在視線上最醒目的位置，領帶與口袋方巾的重要性從來就沒有被忽視過。並且因為相對於整套行頭的面積並不大，男士們或多或少終於可以在被傳統與習慣影響、束縛的西裝造型上盡情地添加色彩！如果說領帶與口袋方巾的選擇是一個紳士內在最真實的投射，恐怕並沒有多少人會反對。

紫色、黃色還是酒紅色？黑色、深灰還是海軍藍？該選擇對比色，還是相對柔和保守的相近色系？這類問題永遠沒有標準答案，因為它正如同一個人的品味、個性，沒有對錯之分。

至於是否要選擇同款設計的領帶與口袋方巾呢？在此給各位男士的建議是：毋須拘泥！顏色相近、看起來和諧的搭配即可。太過要求盡善盡美，有時反而略顯拘謹！

男裝的美在於細節，
而一條與領帶相襯
的口袋方巾則是成
就細節的關鍵。

TIE
AND
POCKET SQUARE

口袋方巾的摺法

單屏式

單屏式是最常見，也最簡單的樣式。它適合各種不同剪裁的西裝。如果是款式極簡俐落的西裝，特別建議使用最簡單的單屏式，以免破壞整體明快的線條。用白色的口袋方巾是最不會犯錯的選擇，因為它總是可以呼應西裝下的白襯衫。使用棉質的口袋方巾來做單屏式是最容易的，因為布料的穩定性比較高。如果使用絲質的，常常會因為布料太滑而不容易摺出明顯的菱角。

雙屏式

如果覺得上述的單屏式有點太簡單，但又不想要過分招搖，雙屏式會是一個很好的選擇。雙屏式從外觀看起來相當俐落，但又多了一點變化，適合各種場合。布料的選擇上，建議使用棉質或厚一點的絲質，比較能表現出折疊後的菱角。

襯衫、西裝、領帶、口袋方巾，皆來自Tom Ford。

襯衫、西裝、領帶，皆來自Jaeger；
Tom Ford口袋方巾；Rolex手錶。

泡芙式

泡芙式是一個操作方便、幾乎不會失敗的樣式。泡芙,顧名思義就是讓手帕只露出面,而不露出邊,並且讓方巾面隆起,宛如一個充滿空氣的泡芙。適合泡芙的口袋方巾的材質為絲質,最好薄一點,比較能顯示出泡芙的輕盈感。棉質的手帕折起來比較厚重,無法達到最佳的效果。

蝴蝶蘭式

蝴蝶蘭式是最華麗、最能吸引人們目光的樣式。蝴蝶蘭的特色是除了有展開的花瓣之外,還有一個突出的花蕊。為了要模仿蝴蝶蘭的外型,方巾最好選擇輕薄的絲巾,否則口袋可能會因為太多的折疊而顯得厚重凸出。

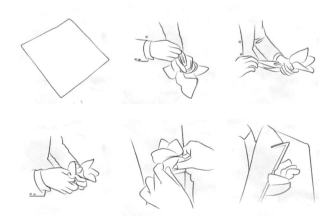

Store guide
商品指引

在此尋找宛如
藝術品般精緻的領帶

Charvet

☞ Harrods, 87-135 Brompton Road, SW1X 7XL, London

☞ Selfridges, 400 Oxford Street, London, W1A 1AB

Tom Ford

☞ 201-206 Sloane Street, London, SW1X 9QX

✆ +44 (0) 203 141 7800

Hermes

☞ 1 Bruton Street, London, W1J 6TL

✆ +44 (0) 20 7499 8856

Salvatore Ferragamo

☞ 24 Old Bond Street, London W1S 4AL

✆ +44 (0) 20 7629 5007

在以下店鋪
挑選漂亮的窄版領帶

Burberry Prorsum

☞ 121 Regent Street, London, W1B 4TB

✆ +44 (0) 20 7806 8904

Dior Homme

☞ Selfridges, 400 Oxford Street, London, W1A 1AB

Saint Lauren Paris

☞ 171-172 Sloane Street, London, SW1X 9QG

✆ +44 (0) 207 235 6706

Prada

☞ 16-18 Old Bond Street, London, W1S 4PS

✆ +44 (0) 20 7647 5000

請由他們為你完成
左胸上的藝術

Tom Ford

☞ 201-206 Sloane Street, London, SW1X 9QX

✆ +44 (0) 203 141 7800

Paul Smith

☞ 9 Albemarle Street, London, W1S 4HH

✆ +44 (0) 20 7493 4565

Lanvin

☞ 32 Savile Row, London, W1S 3PT

✆ +44 (0) 20 7434 3384

Terry Seraphim

—— Dilvero 拿坡里量身訂製西服創辦人

Q 請問你在倫敦住了多久？

A 我是不折不扣的倫敦人。

Q 如果你有一個悠閒的下午，倫敦的哪裡會是你想要消磨時光的地方呢？

A 當我感覺想要獨處時，我會帶著一本書，拿著從肯頓市場（Camden Market）買來的食物，到北倫敦的櫻草丘（Primrose Hill）野餐。把手機頻道調到FM BBC 4，在樹下或長椅上享受一個人的時光。若想與朋友相聚時，我們會到 V&A博物館的透明茶房小聚，度過被歷史與藝術環繞薰陶的午後，然後徒步至南肯辛頓附近的Casa Brindisa，以一頓西班牙料理作結。

Q 對你來說，哪裡是倫敦最佳的購物地點？

A 最有趣的購物地點莫過於位於梅菲爾區的Vertice。若想要逛一逛經典的男裝則會去充滿義大利風情的Otto。

Q 你旅行過許多城市，對你來說，倫敦是一個時尚的城市嗎？

A 相較於歐洲人，美國男人不是真的把時尚當一回事。在歐洲各個時裝首都裡，倫敦的男士們最無懼於嘗試多種風格。你可能看見某人某天穿著Tom Ford三件式劍領西裝，隔天卻穿著Rick Owen的長版上衣與寬鬆及膝短褲！

Q 從你的角度來看，一個當代男人的衣櫃裡，絕對要有的三個單品是什麼呢？

A 帽子。男人應該更常戴帽子，不論是巴拿馬草帽（panama）、紳士帽（fedora），或是較扁的豬肉派帽（pork-pie hat）。一系列不同顏色、花紋的口袋方巾。然後還有一件黑色的騎士風格皮衣。

Q 在夏季與冬季時，你最常穿的分別是什麼呢？

A 由於我是個對騎單車擁有狂熱的人。因此在夏天，我會穿上一件單車緊身連身衣（cycling bib tights），並將上半身的吊帶放下，讓它自然垂在腰邊，然後再穿上一件牛仔短褲，上半身套上一件Raf Simons的oversize T-shirt，腳上踩著一雙麂皮Sawa高筒運動鞋。冬天時，我喜歡穿著海軍藍的法蘭絨西裝、白襯衫不繫領帶、口袋裡插著Marinella的口袋方巾，然後套上一雙Jil Sander的膠底牛津鞋。

Q 你會如何形容你的衣櫃？

A 很大。掛著皮夾克與山羊絨長大衣的那根鐵桿因為過重而彎了下去！

Q 你有那麼的多衣服，準備出門時是否常在衣櫃前承受著不知如何選擇的壓力？

A 從不。搭配衣服是一種樂趣，從來就不是壓力。我很享受從衣櫃裡混合出一種新造型的成就感，也會根據今天的造型改變髮型與香水。

Q 你心中最會穿衣服的男人是誰呢？

A 北極潑猴的主唱兼吉他手艾力克斯（Alex Turner）。他沒有造型師，全都一手打點自己的服裝。若你仔細觀察將會發現，他的穿衣風格與他的年齡、音樂型態是同步改變的。這代表他不是一個盲目追求流行的人。

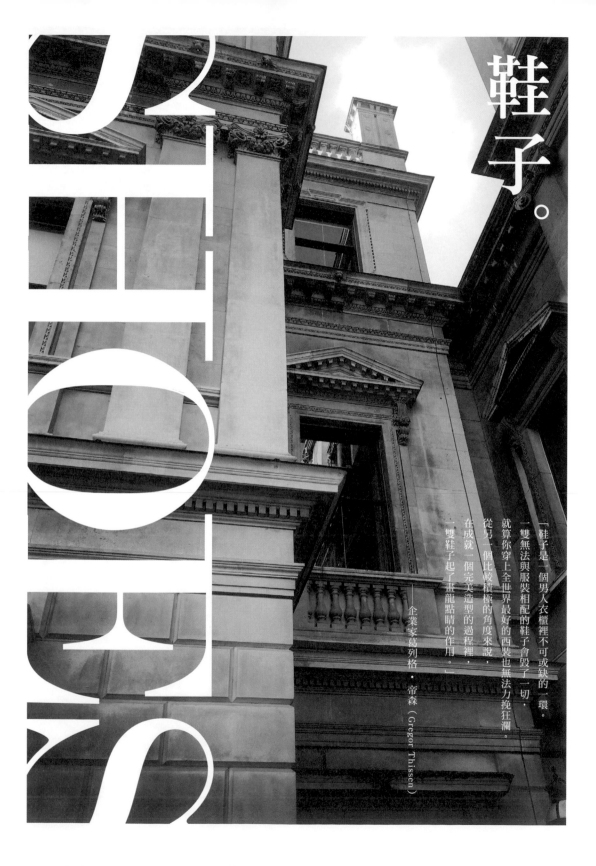

鞋子。

SHOES

「鞋子是一個男人衣櫃裡不可或缺的一環。
一雙無法與服裝相配的鞋子會毀了一切，
就算你穿上全世界最好的西裝也無法力挽狂瀾。
從另一個比較積極的角度來說，
在成就一個完美造型的過程裡，
一雙鞋子起了畫龍點睛的作用。」

——企業家葛列格・帝森（Gregor Thissen）

對於那些能每周為皮鞋清潔保養的人,我肅然起敬。就算是對我最喜歡的鞋子,恐怕也無法如此。在我的一小列鞋子收藏中,最令我鍾情的莫過於一雙深藍色的麂皮樂福鞋。自從我遇見它的那一天起,它便從未被收進鞋櫃中。它的鞋面上橫過一對精巧的馬銜扣環,麂皮柔軟又堅韌。鞋型裁切得無可挑剔:皮革完全吻合包覆著我雙腳,足背看起來平坦而流暢,足弓內緣向內彎成一道美麗的弧線,楦頭略為橢圓,使腳看起來不會因太長而顯得愚蠢。

設計師湯姆‧福特曾經說過:「鞋子是你人格的延伸;它們改變了你走路的姿態,改變了你移動的方式。」此話正道出我對它們的情感!無論是冬日的法蘭絨長褲,還是夏日的淺色丹寧窄管褲,上高級餐館,或是去巷口的咖啡店買個裹腹的三明治,不論是在豔陽天,或下著毛毛細雨的日子,雙腳一套,它便伴我四處而行。

牛津鞋改良自十九世紀紳士們穿的有鞋帶的靴子。由於穿脫更加方便,因此很快就成為最受男士們青睞的鞋種,並且也是目前男士們可以找到最為正式的鞋款了。

牛津鞋、德比鞋、雕花鞋，傻傻分不清楚

有一陣子人們很喜歡將所有繫著鞋帶的正式皮鞋一律稱為牛津鞋。
好吧，如果彼此都能心領神會，或許無傷大雅。但技術上來說，牛津鞋
（oxford）、德比鞋（derby）與雕花鞋（brogue）是不應混為一談的。
牛津鞋改良自十九世紀紳士們穿的有鞋帶的靴子。由於穿脫更加方
便，因此很快就成為最受男士們青睞的鞋種，並且也是目前男士們可
以找到最為正式的鞋款了。

牛津鞋與德比鞋的主要差異在於帶有鞋帶孔的兩扇皮革襟片（eyelet
flap）開闔的程度。牛津鞋的兩扇皮革襟片是密合的；而德比鞋的兩扇
皮革襟片則是分開的。由於設計上的差別，德比鞋比牛津鞋更休閒一
點，但也絕對適合搭配一般的商務西裝。此外，由於牛津鞋的鞋舌與
兩片鞋襟的底部是縫死的，因此腳背較厚實者在繫上鞋帶時，有時候
無法將兩個襟片完全繫緊密合，容易造成視覺上的不協調。此時，德
比鞋的活動襟片就能夠解決這個問題！

雕花鞋的特色則是鞋面上有一連串蘇格蘭式的孔洞裝飾。如此的雕花
紋飾最早起源於十九世紀的女鞋，到二十世紀開始被使用在男鞋設計
上，並廣泛受到歡迎。雕花鞋一詞僅著重在鞋子的裝飾，但從鞋子的
結構來說，雕花鞋可以是牛津款式，也可以是德比款式。

此外，根據雕花分布的不同，又可以分為翼型雕花鞋（wingtips
brogue）、半雕花鞋（semi brogue）、四分之一雕花鞋（quarter
brogue）等。翼型雕花鞋的鞋尖前端有一個W形狀的雕花，花紋一路
延伸到鞋側，有時甚至繞到鞋子正後方的縫合處互相連結。半雕花
鞋在鞋頭（cap-toe）處有一道裝飾著花紋的縫線，鞋尖處也有雕花裝
飾。若拿掉了鞋尖處的雕花裝飾，則變成了四分之一雕花鞋。

Kent & Curwen皮革外套；高領
毛衣、燈心絨長褲、太陽眼鏡、牛
津鞋，皆來自Tom Ford。

除了傳統的黑色、咖啡色的雕花鞋，近年來雕花鞋也出現了許多休閒又時髦的款式。例如英國品牌Grenson出產的一系列淺灰、天空藍、米白等色彩明亮飽和的麂皮雕花鞋便大受歡迎！有些款式還搭配了厚實的橡膠鞋底，如果再套上一條剪裁合身的牛仔褲，馬上就能變身成東倫敦最酷的年輕人了！

展現皮革絕佳品質──全裁鞋

嚴格說起來，全裁鞋（whole cut shoe）還是屬於牛津鞋的一種。但不像前述的牛津與德比的鞋身係由多片皮革裁切、縫製而成，全裁鞋的特色正是整個鞋身只使用一片完整的皮革，鞋面上看不到任何一絲接縫。這樣的特性也導致全裁鞋在製作上相對困難。除了皮革本身要具有很好的支撐力之外，還得挑選出一塊完整、沒有瑕疵的部分。再者，在製作過程中，稍有一點錯誤，整片皮革就報銷了。因此，唯有經驗老到、手藝精湛的工匠們才有辦法製作。一雙全裁鞋可以徹底展現出皮革的絕佳品質；沒有過多華麗的細節反而凸顯出鞋身優雅簡約的線條。想當然耳，一雙全裁鞋所費不貲。法國鞋王Berluti正是以製作這樣精美的鞋子而聞名於世！

全裁鞋的特色正是整個鞋身只使用一片完整的皮革，鞋面上看不到任何一絲接縫。這樣的特性也導致全裁鞋在製作上相對困難。除了皮革本身要具有很好的支撐力之外，還得挑選出一塊完整、沒有瑕疵的部分。

可以優雅，也可以不羈——孟克鞋

就好像雙排釦西裝每隔幾年便會悄悄地重新回到店鋪裡的陳列架上，歷史比牛津鞋還要久遠的孟克鞋（monk strap）便是以這樣的方式在紳士們的鞋櫃裡進進出出。

近兩年來，孟克鞋又大舉入侵倫敦街頭了！傳統上，孟克鞋是非常正式的鞋款，通常使用黑色或深咖啡色的皮革製成，用來搭配西裝。但最近孟克鞋也有越來越休閒的款式出現，例如藍色、橘色等色彩明亮飽和的麂皮孟克鞋，讓男士們在搭配休閒服飾時也有了新的選擇。無論是正式或休閒，穿著孟克鞋的一個訣竅就是褲子一定要夠短！被褲管布料覆蓋住鞋面的孟克鞋容易顯得厚重又老氣。

黑色、咖啡色，還是焦糖色皮鞋？

穿上黑色西裝時，請一律穿上黑色的皮鞋。深灰色西裝則可搭配黑色或深咖啡色的皮鞋。海軍藍的西裝除了可以搭配黑色皮鞋之外，一雙焦糖色的皮鞋常會帶來意想不到的美妙效果！基本上，對於每天得穿著西裝、打著領帶上班的人來說，擁有一雙黑色的牛津鞋絕對是必要的。

優雅的低筒鞋款：樂福鞋，還是駕車鞋？

或許因為樂福鞋（loafers）與駕車鞋（driving shoes）都是屬於沒有鞋孔、鞋帶的鞋種，因此常常有人會將兩者混為一談。其實兩者不管在製作結構、發展歷史或實務搭配上都非常不同。

Vintage 太陽眼鏡：Oak T恤；外套、皮帶，皆來自Tiger of Sweden；Zara九分褲；Grenson孟克鞋；Dolce & Gabbana手錶。

從外觀上來看，樂福鞋與駕車鞋最大的差異便是鞋底與鞋跟的構造。樂福鞋的鞋底與鞋身是分開的兩片皮革經過壓縮與縫製而成，並且會裝上鞋跟。樂福鞋起源於歐洲，但是在美國發揚光大。除了最早的penny loafer之外，tassel loafer（帶有流蘇的款式）也相當受歡迎。樂福鞋屬於低筒鞋種，穿著時會露出腳踝與部分腳背，因此通常被視為比較休閒的鞋款，也比較適合夏天。但是當Gucci在六〇年代推出了帶有馬銜鐵的款式後，便一舉讓樂福鞋從休閒鞋款進入了正式鞋款之列。自此，更多的男士們開始以樂福鞋搭配西裝。

駕車鞋通常沒有鞋跟，並且平坦的鞋底常佈滿一粒一粒的橡膠小球，因此它更廣為人知的名稱是豆豆鞋。只是並非每一款駕車鞋的鞋底都是使用這樣的橡膠球鞋底，所以在此我仍傾向稱呼它為駕車鞋。駕車鞋的鞋體結構稱之為莫卡辛（moccasin），最早源自北美洲的原住民，其特色是鞋身與鞋底採用同一片柔軟的皮革。與樂福鞋的發展正好相反，雖然駕車鞋發源於美國，卻是在義大利大受歡迎，進而風靡整個歐洲。而其中有趣的一點是，駕車鞋在義大利的發跡過程正好與車子也息息相關。以製作駕車鞋而聞名的義大利品牌Tod's的創辦人迪亞哥·德拉·瓦萊（Diego Della Valle）本身就是法拉利（Ferrari）與瑪莎拉蒂（Maserati）董事會的成員。而令Tod's駕車鞋聲名大噪的關鍵事件就是飛雅特（Fiat）的主席賈尼·阿涅里（Gianni Agnelli）在某一次滑雪意外中摔傷了腿後，便穿著穿脫方便又舒適的Tod's駕車鞋外出，卻被埋伏在一旁的攝影記者拍下照片、放上雜誌，並造成一股流行。由於駕車鞋沒有鞋跟，且結構較為鬆散，因此並不適合搭配商務西裝。

難得休閒，讓沙漠短靴展現你的率性風格

英國為如何替紳士們打扮設下了許多優良的典範。她對於今日男裝的影響俯拾皆是，在此無須一一列舉。但是我們必須承認，大多數遺傳自英國的美好傳統皆是比較正式的款式，對於鞋子來說亦然。而第一個打破這個慣例的，便是擁有「大不列顛第一款休閒鞋」之稱的沙漠短靴（desert boots）。

沙漠短靴的前身是第二次世界大戰中被英軍運用於北非戰場的一種軍靴。英國品牌Clark的少東南森‧克拉克（Nathan Clark）也被徵召入伍，並在戰場親眼目睹了這種軍靴。退伍後的南森於一九四九年改良這款軍靴，使它成為今日的沙漠短靴，並於一九五〇年開始販售。沙漠短靴很快就席捲了整個美國，然後這股熱潮又由美國穿越大西洋回到歐州，並且大受歡迎。在法國，甚至不論是否為Clark製的沙漠短靴，都一律被稱呼為les Clarks！

沙漠短靴的特色是鞋身由麂皮製作，鞋子高至腳踝，擁有二至三對鞋帶孔，並且鞋底是由一種特殊的橡膠crepe rubber所製作而成。麂皮與這種橡膠鞋底都很柔軟，穿起來非常舒適。此外，由於造型簡單粗獷，沙漠短靴在近幾年來仍然持續受到年輕人的歡迎。

穿西裝是否可以搭配靴子？

答案是：當然可以！前面提及的牛津鞋，便是由帶有鞋帶的靴子演變而來的。因此，理論上，穿西裝自然也可以穿上靴子。但要注意的是靴子的顏色（最好是黑色的），還有款式（可別穿上沙漠短靴，或是美國西部牛仔的雕花馬靴）。若要打一張安全牌，雀爾喜短靴（chelsea

襯衫、領巾、手鍊、皮帶、長褲、短靴，皆來自Saint Laurent Paris。

boots）是最好的選擇。雀爾喜短靴源自維多利亞時代，它的特色是沒有鞋帶孔，為了穿脫方便，兩面鞋側皆有一大塊彈性布料。相較於其他的靴款，雀爾喜短靴的剪裁算是非常貼近腳型的。由於不會過於厚重，且造型優雅流線，雀爾喜短靴是少數可以遊走於正式與休閒場合的靴款。

當然，隨著西裝風格的改變，男士們還是有不同於雀爾喜短靴的選擇。例如一套剪裁前衛、帶有典型Hedi Slimane風格的聖羅蘭西裝，就很適合配上一雙散發著微微搖滾味道的尖頭踝靴。

別把拖鞋穿出門⁈

受邀到英國人的家中作客時，你恐怕不會被要求脫去鞋子。這並不是因為英國人不愛乾淨，而純粹只是文化上的差異。當客人來到時，精心打扮的女士們穿了高跟鞋，男士們也穿了與衣服相配的鞋子，此時若要求客人將它們脫掉，似乎有點掃興。因為英國人相信，即使是赴私人宅邸的聚會，也應盛裝出席，而鞋子絕對是整體穿著中重要的一環。

在維多利亞時代，當貴族們在家中舉辦派對時，男士們常常穿著晚宴裝，並且搭配絲絨製成的有跟便鞋（slippers或prince albert slippers）（註）。有跟便鞋的特色是鞋面由一整塊面料製作，沒有鞋帶，因此便於穿脫。由於是在室內穿著，鞋底則是由皮革製成的。

典型的有跟便鞋為搭配晚宴服，通常是由黑色、寶藍、墨綠、深紫等顏色的絲絨製成，且鞋面常有金線刺繡而成的姓名縮寫，或是皇冠、徽章等圖案，相當華麗。現在的有跟便鞋設計變得更活潑，穿著場合也不再侷限於室內派對。今天你可以在倫敦街頭看見時髦的年輕男士穿著牛仔褲、雙腳踩著繡有不同圖案（左腳繡著榔頭，右腳繡著釘子）的

有跟便鞋在路上漫步，也可以在Alexander McQueen的旗艦店裡找到繡有骷髏樣式的款式。材質除了傳統的絲絨，也有用羊毛製成的威爾斯王子格紋樣式，或是麂皮、牛皮、小馬毛、鱷魚皮等製成的有跟便鞋。

該選皮革鞋底，還是橡膠鞋底？

當你購買皮鞋時，請謹記確認三個部位的材質：鞋面、鞋內與鞋底。一般來說，以同一品牌的類似款式而言，皮革鞋底只會比橡膠鞋底貴一點。至於到底該選擇皮革鞋底，還是橡膠鞋底，則純屬個人偏好。

一般來說，皮革鞋底更為優雅、正式。因此在正式的晚宴中，一定要穿著帶有皮革鞋底的皮鞋。此外，皮革也具有比較好的透氣性。但皮革鞋底容易打滑，尤其是在剛開始上路的那段期間，而且下雨天時水也比較容易滲透進鞋裡。橡膠鞋底的優點是防滑與防水都比較好，但相對也沒那麼優雅。

穿西裝是否可以搭配靴子？答案是：當然可以！牛津鞋是由帶有鞋帶的靴子演變而來的，因此穿西裝自然也可以穿上靴子。

註／Slippers在中文常被翻譯為拖鞋。其實slippers指的是所有在室內穿著且容易穿脫的便鞋。換言之，並不一定是大家印象中在家中穿的露趾拖鞋。而此處提及在維多利亞時代風行一時的prince albert slippers便是一種典型的有跟便鞋。

至於人們究竟是如何得知你腳下鞋底材質的呢？有時候是在你行走時，從鞋跟與鞋底敲擊大理石地板的聲音；有時候則是在你翹起腳，準備開始閱讀一份報紙的時候。

鞋跟內側的截角

鞋底的名堂除了前述的材質之外，還有一個細節也是向傳統與優雅致敬的含意大過於實質功能，那就是鞋跟內側的截角。許多比較昂貴的皮鞋，在其鞋跟靠內側的尖角會被截成平的。這個截角的目的是讓與女士翩翩起舞的男士們避免鞋跟踩住她們落地的裙襬。

內行人看門道——貼邊結構法與布雷克結構法

歐洲皮鞋的主要製作方法有貼邊結構法（welted structure），以及布雷克結構法（blake structure）。貼邊結構法代表的是最傳統的製鞋方法，以能製作出最堅固耐用的鞋子而聞名，以英國北安普敦為首，在歐洲蓬勃發展。貼邊結構的特色是先將鞋身皮革與鞋內皮底固定在一道貼邊（welt，通常由皮革或橡膠製成）上，接著再將鞋底皮革與貼邊固定。至於鞋內皮底與皮革鞋底中間，則會填入常被用來製作瓶塞的軟木。布雷克結構法風行於義大利，與貼邊結構最大的差別在於沒有使用貼邊，因此鞋身皮革、鞋內皮底與皮革鞋底是直接縫在一起的。

❶ Richard James長褲；Louise Vuitton雕花牛津鞋。
❷ Loro Piana長褲；Burluti樂福鞋。拍攝於伯靈頓拱廊。
❸ 長褲、短靴，皆來自Saint Laurent Paris。
❹ Dries Van Noten長褲；Prada鉚釘牛津鞋。

由於使用貼邊結構法製成的鞋子多了一層軟木，因此具有較好的防水性，適合英國多雨的天氣。此外，由於皮革鞋底是固定在貼邊上的，因此將鞋底拆下並不會影響到鞋身的皮革，有利於更換受損的鞋底，維持皮鞋的壽命。相對來說，使用布雷克結構法製成的鞋子防水性較差，也比較難更換鞋底。但是布雷克結構也有它的好處，通常根據此法製造的鞋子較為輕巧，鞋底比較柔軟舒適，在外觀設計上也享有比較高的自由度。

貼邊結構與布雷克結構各有優缺點。雖然貼邊結構的鞋子以堅固耐用聞名，但這並不意味著使用布雷克結構的鞋子品質較差。來自北安普敦的許多英國品牌，像是Church's、Crockett & Jones、Grenson等，仍然延續著貼邊結構的優良傳統，還有法國鞋王Berluti亦是貼邊結構法的信奉者。

使用鞋楦與鞋把

許多人以為保養鞋子的第一步是拿起鞋刷、抹上鞋油。其實，善待一雙你鍾愛的鞋子，應該從使用鞋楦（shoe tree）與鞋把開始。

鞋楦的主要功能在於完整填補鞋子內部的空間，使鞋子在未穿著時能保持它們剛被製作出來時的形狀，並且預防鞋面皺紋的產生。現在你可以找到許多不同材質製作而成的鞋楦。廉價一點的鞋楦多半由塑膠與金屬製作而成，而昂貴的鞋楦主要是以木頭為原料。木頭製的鞋楦又分成上了漆的與未上漆的。有一部分的人堅信尚未上漆的木頭鞋楦能吸收鞋子內部的濕氣，保持鞋子乾燥。穿上鞋子時，則應該每次都將鞋帶解開，使用鞋把讓腳滑入後再綁上鞋帶。如此便可以預防鞋子越穿越鬆，也避免鞋後跟上方處向內凹陷。

定期對你珍藏的鞋子們示愛

如果女人展現熱愛鞋子的方式是不間斷地購買，並且毫無畏懼地挑戰更高的鞋跟；那麼男人向珍藏的鞋子們示愛的唯一方式便是：在深夜斟滿一杯波本酒，然後在艾靈頓公爵的爵士樂中一一為它們擦上鞋油。

擦鞋油之前應該先為鞋子除去灰塵。除去灰塵除了可以使用刷子或布之外，也可以使用清水（很多男士對於用水來清洗皮革感到惶恐！或許是因為一直以來我們都被教育著不要在雨中漫步。但避免在大雨中行走的真正原因是為了保持衣物乾燥，免得感冒著涼，並無任何證據顯示水會傷害你的皮鞋），用棉布沾取清水徹底清潔鞋面之後，將它們自然風乾，便可以開始上鞋油了。

鞋油可能是蠟狀、膏狀或乳液狀，但使用方式皆大同小異。以棉布或馬鬃製成的刷子沾點鞋油，擦拭鞋面，鞋緣交接處則可用小刷子代勞，務必要均勻地讓鞋油滲透入鞋子表面的每一處。靜置數個小時後，拿一塊乾淨的棉布，沾一點水與蠟，以同心圓的方式不停擦拭。這個步驟看似簡單，但千萬不可忽略。它除了可以令鞋面閃閃發亮之外，

許多人以為保養鞋子的第一步是拿起鞋刷、抹上鞋油。其實，善待一雙你鍾愛的鞋子，應該從使用鞋楦與鞋把開始。

還可以抹去多餘的鞋油，避免深色的鞋油沾上褲腳。此外，常常為鞋子上鞋油還有助於保持皮革柔軟，使之較不容易產生皺褶或裂縫。讓鞋油均勻地被皮革吸收，也可以間接增加鞋子的防水性。

如果懶得自己動手的人，不妨在經過皮克迪里（Piccadilly）與龐德街（Bond Street）之間的伯靈頓拱廊時，光顧一下坐在街邊的擦鞋匠。一次傳統擦鞋服務要價六鎊。除了可以一邊欣賞擦鞋匠的小箱子裡琳瑯滿目的道具之外，還可以順便聽他操著一口南歐口音的英語向你講述前一天足球場上的英法大戰。在經過他的巧手擦拭之後，整雙鞋除了腳背的一點皺褶還在之外，簡直跟新的沒有兩樣！

如何保養麂皮鞋？

麂皮是一種經過處裡的皮革（通常是牛皮、鹿皮或羊皮），表面看起來呈現像絲絨般的霧面。由於麂皮於製作過程中已經移除了皮革較為堅硬的外層，因此特別柔軟。其優點是較不易產生皺褶，而缺點則是不如普通皮革堅韌。

一般男士們可能從來沒有保養過他們的麂皮鞋子。其實，麂皮的保養過程比一般皮鞋更簡單，主要分成兩個階段。第一階段是使用麂皮專用毛刷為鞋子除塵。這時可以搭配麂皮專用的清潔液使用。在清潔完畢後，讓麂皮自然風乾，便可進入第二階段，為你的鞋子噴上保護噴霧。此外，為了有時候無可避免地在小雨中行走，你也可以使用麂皮專用的防水噴霧。

襯衫、西裝、領帶、口袋方巾、皮鞋，皆來自Delvero。

造訪倫敦
最具代表性的製鞋商

John Lobb

✎ 9 St. James's Street, London, SW1A 1EF
📞 +44 (0) 20 7930 3664

傳奇的製鞋匠約翰・洛布（John Lobb）於一八二九年出生於英國的康沃爾。在學得一身製鞋本領後，年輕的洛布便前往澳洲闖蕩，替當時的「淘金客」製鞋，因而聲名遠播。隨後，他又回到倫敦，開啟了以其為名的品牌超過一世紀的傳奇。現在的 John Lobb 仍然堅守傳統的製鞋技法，以超過一百九十道工序、耗費數個禮拜的時間來打造一雙鞋。John Lobb 代表的是對於品質極度堅持的英國製鞋魂。

Berluti

✎ 43 Conduit Street, London, W1S 2YJ
📞 +44 (0) 20 7437 1740

擁有「全世界最貴男鞋」稱號的 Berluti 成立於十九世紀末，是一個由義大利裔家族在巴黎所經營的男鞋品牌。目前雖然已被 LVMH 集團併購，但仍由該家族第四代繼續經營。Berluti 的鞋子以充滿生命力與飽和度的色彩而聞名。所有的鞋子都是在義大利手工染色、製作完成，每一雙都擁有獨一無二的暈染與色澤。Berluti 提供非常完善的售後服務，包括更換鞋跟、鞋底，以及一次免費的「換色」服務（深褐色的鞋子也可以換像是寶藍色或酒紅色等更淺的顏色）。此外，在位於康迪街的旗艦店裡還提供「皮件刺青」，可以根據顧客需求，讓大師在你新購買的皮件上刺上客製化的圖案。現成的鞋子從五百四十英鎊的駕車鞋起跳；全訂製（bespoke）從三千五百英鎊起跳。

Church's

✎ 133 New Bond Street, London, W1S 2TE
📞 +44 (0) 20 7493 1474

Church's 成立於一八七三年的英國製鞋重鎮北安普頓，其家族的製鞋歷史甚至可以追溯至十七世紀晚期。憑著高超的製鞋技術，Church's 在十九世紀末就已經將事業的版圖拓展到海外，即便兩次世界大戰的砲火也沒有摧毀它。一九九九年，Church's 被 Prada 集團收購大部分的股份，事業拓展的速度更快。但即便腳步加快，Church's 仍然遵循著家族所留下來的傳統技法製作鞋子，終於一步一步成為英國最具有代表性的鞋子品牌之一。

Mr. Hare

✎ 8 Stafford Street, London, W1S 4RU
📞 +44 (0) 20 7495 4200

於二〇〇九年成立於倫敦的 Mr. Hare，以在經典的款式中融入一絲當代的細節而聞名，並靠著一系列色彩鮮豔的麂皮有跟便鞋成功打開市場。這些兼顧品質、舒適，且造型優雅的鞋子，非常受到倫敦男士們的歡迎，並讓他們在辦公室、午餐聚會、與朋友小酌到絢爛的夜生活等各種場合都能時尚有型！一雙 Mr. Hare 的鞋子代表了新一代倫敦人的精神與品味。所有的鞋子皆在義大利托斯卡尼製作完成，售價在兩百四十至六百英鎊之間。

The Left Shoe Company

✎ 6 Princes Arcade, London, SW1Y 6DS
📞 +44 (0) 20 7287 8444

你知道你的左腳比右腳大嗎？事實上，百分之九十以上的人擁有不對稱的雙腳。而根據 The Left Shoe Company 的統計，大部分人的左腳體積大於右腳，這也是這間公司當初命名的靈感來源。The Left Shoe Company 在一九九八年成立於芬蘭，是一家僅專門提供套量訂製鞋的公司。走進該公司位於王子拱廊（Prince Arcade）的店面，馬上會被擺在店裡正中央的一台 3D 腳部掃描儀所吸引。在現代科技的協助之下，店家能夠更快速（只需約五分鐘）地洞悉客人腳的形狀，找出分別適合雙腳的完美鞋型。一雙套量訂製的鞋子大約需六個禮拜，價格在三百至四百英鎊之間。

Roberto Daroy

—— 造型師、時裝攝影師

Q 請問你在倫敦住了多久?

A 我在倫敦住了九年,之前住在巴西。

Q 如果你有一個悠閒的下午,倫敦的哪裡會是你想要消磨時光的地方呢?

A 南肯辛頓(South Kensington)到雀兒喜區(Chelsea)一帶是我最喜歡的地方。國王路(Kings Road)上充滿了美麗的小店、酒吧、餐廳。此外,坐落在此的V&A博物館經常舉辦有關時裝與攝影的展覽。在這一帶悠閒地走一走,便是一個令心靈非常放鬆的旅程,即使只有一個短短的午後時光。

Q 對你來說,倫敦何處擁有最美的景色?

A 無非是泰晤士河沿岸,滑鐵盧大橋一帶。

Q 對你來說,一個當代男人的衣櫃裡,絕對要有的三個單品是什麼呢?

A 首先,一定要有一套很好的西裝,最好是黑色的,可以包辦從婚禮到葬禮等各種場合。如果是以倫敦為生活城市,最好要有一件海軍藍的風衣,兼具美觀及功能性,可以應付倫敦詭譎多變的天氣。最後,就是要有一雙做工精緻、總是擦得亮晶晶的黑色皮鞋。

Q 在夏季與冬季時,你最常穿的分別是什麼呢?

A 夏天時,我喜歡身上充滿顏色。因此我會穿上印花T-shirt、淺色的水洗牛仔褲、運動鞋,再加上棒球外套,以及一副飛行員風格的太陽眼鏡。冬天時,我喜歡穿上一身的黑色,再利用各種層次感作為變化。舉例來說,我常常穿上黑色的針織衫,黑色的緊身牛仔褲、踝靴、皮衣,然後再加上一條具有分量感的黑色大圍巾。

Q 對你來說，先天的骨架身形是否決定了一個人是否上相？

A 從攝影師的角度來看，先天高挑纖瘦的人確實在拍照上比較吃香。但從造型師的角度來說，任何身材的人都可以透過衣服的包裝來掩飾缺陷，以及凸顯優點。同時，由於社群媒體（尤其像是instagram）的蓬勃發展，讓每一個人都有機會成為一個對世界發聲的平台，而不是只有傳統時裝雜誌這個管道。而這也意外地令這個世界對於「美」的看法開始改變，人們對於美的定義越來越多元。舉例來說，長材矮小的人透過後天的健身鍛鍊，可能擁有更引人注目的體態；長相平凡的路人甲，因為擁有一身充滿個性的刺青，也能成為引領潮流的人。

Q 你心中最會穿衣服的男人是誰呢？

A 我喜歡看五〇年代、六〇年代的好萊塢經典電影，也常受到那個年代電影明星們的啟發。像是卡萊·葛倫（Gary Grant）、史提夫·麥坤（Steve McQueen）的形象一直影響著很多人，也包括我。

BESPOKE :
MADE TO MEASURE :
AND SAVILE ROW.

訂製西裝與
薩維爾街。

「在薩維爾街沒有平凡的男人。每個男人都與眾不同。」
——設計師理查‧安德森（Richard Anderson）

我們剛剛查詢過銀行帳戶餘額，並確認這個月的帳單都已繳清。在心中準備好了完美託辭，只為了能夠難得奢侈一回。做好心理準備，勇敢推開大門，我們開啟了西裝訂製的神祕冒險。在樸實堅固的骨董傢俱環伺下，打版師宛如心理醫師般地仔細詢問我們的想法、探究我們的需求，根據我們提供的片段資訊，為我們勾勒出心中理想西裝的藍圖。然後隨著他熟練地操作著皮尺滑過我們全身，我們的身形曲線也化作三十道以英吋為單位的密碼，並成為精準建構出一套西裝的量化線索。

接著，重頭戲來了。打版師交給我們一疊預先準備好的布料，並朗聲說道：「先生，看看這塊羊毛混紡面料吧！含有百分之十五的亞麻，纖維略粗，但輕盈透氣。」「海軍藍與黑色相間的威爾斯王子格紋，優雅大器。」或是「山羊絨、馬海毛、蠶絲混紡，觸感光滑兼具抗皺功能，實屬難得！」天啊！只不過是些尚未建築成一套西裝的基礎原料，僅僅是一些兩百平方釐米的布料，怎麼就已經如此千變萬化，令人愛不釋手？在每一塊縱橫交錯、或粗或細的纖維裡，在每一次手指輕輕滑過布料表面的瞬間，都可以感受到截然不同的個性與生命力。

終於，我們下定決心了！好吧，那就用這個來做一件單排雙釦西裝吧！領片要四〇年代的寬大劍領，西裝褲腳要像愛德華七世（Edward VII）那樣向上捲起。為了以備不時之需，請再做一件背心好了！早就超過了心中事先設定的預算，但是我們又能怎麼辦呢？在如此美麗的事物面前，究竟有幾人能保持頭腦清醒，最終全身而退呢？從口袋裡掏出信用卡的同時，我們只能輕聲在心中告誡自己：僅此一次，下不為例！

薩維爾街──男裝裁縫的黃金大道

談到了訂製西服，就無法不提到薩維爾街。薩維爾街是位於倫敦市中心的一條路，兩百年來以男士的訂製西裝而聞名，擁有「男裝裁縫的黃金大道」之美稱。事實上，不只在英國，就算在世界上任何一個角落，恐怕也找不出另一個如此對西裝充滿影響力的地方。曾經光臨此處的名人不勝枚舉，包括法蘭西第二帝國皇帝拿破崙三世（Napoleon III）、英國首相邱吉爾（Sir Winston Churchill）、美國總統老布希（George Herbert Walker Bush）、溫莎公爵（Edward VIII）、畫家畢卡索（Pablo Ruiz Picasso）、設計師吉安尼·凡賽斯（Gianni Versace）、湯姆·福特、影星裘·德洛（Jude Law），以及英國足球明星貝克漢（David Beckham）等。

薩維爾街是所有英國社會名流們妝點自身的殿堂，也間接引領了整體男裝的流行。例如現在男士們於正式場合所穿著的晚宴裝（tuxedo），便是由薩維爾街上最負盛名的店家Henry Pool & Co.於一八六〇年代為當時的威爾斯王子（Prince of Wales，Edward VII）所設計的。

西裝訂製是一門高深的藝術，製作一套訂製西裝曠日廢時，且所費不貲。從量身、打版、剪裁、縫製，全都涵蓋大量手工製作的過程，完成一套西裝平均要花費一個有經驗的裁縫師五十二個小時。因此，薩維爾街在男裝界享有非常崇高的地位。

然而，如同其他所有接受過時間考驗的產業，這條黃金大道也曾經歷過幾次殞落與復興。包括兩次世界大戰、全球化、經濟環境變遷等，都在不同時期、不同層面衝擊了薩維爾街的裁縫們。此外，由於成衣產業的崛起，許多人都擔心新的世代會認為訂製西裝是上個世紀的玩意兒，而所有薩維爾街上的裁縫都害怕在報紙的角落裡看到老客戶的訃聞。

襯衫、西裝皆來自Richard James；Chester Barrie襯衫領針；領帶、口袋方巾皆來自Spencer Hart；Duchamp領帶夾；vintage懷錶鍊；Louise Vuitton牛津鞋。

襯衫、西裝、口袋方巾，皆來自Spencer Hart。

但其實新的一代是非常有品味且對品質好壞充滿辨別能力的一個世代。當他們的財務狀況允許時，他們也會非常樂於嘗試真正充滿傳統與品質的東西。此外，資訊的傳播與全球化所帶來的旅客，也令薩維爾街從歐洲走向了全世界。僅二〇〇六年，薩維爾街便合計賣出了約一萬套訂製西服，營業金額約兩千一百萬英鎊。

在工業技術提升，以及新興國家製造成本降低的狀況下，市場上充斥著越來越多設計師品牌與平價品牌的成衣西裝。但可能正如同Henry Poole現在的經營者西蒙・甘迪（Simon Cundy）所說的，「很慶幸地，與兩百年前一樣，每個人的身材比例都還是非常不同。」因此，薩維爾街的訂製西裝永遠都會有它的一席之地！

西裝的血統

如果只有在香檳地區生產的白酒才能稱之為香檳，如果生產地對於一個產品有如血統般重要，那麼一套薩維爾街買來的西裝絕對稱得上系出名門。

薩維爾街的西裝不僅僅是標榜「英國製」，還是在薩維爾街上製作完成的呢！為了讓優良傳統得以延續，薩維爾街上的店家不惜支付梅菲爾昂貴的租金，在這條黃金大道上設立裁縫室。若你在日落以前行經此路，便可以看到裁縫們在地下室裡努力不懈地施展著延續數百年的「薩維爾奇蹟」！

此外，一套「血統純正」的英國西裝不僅吸引著顧客遠道而來，薩維爾街的老店們也會主動出擊。循著前輩們的足跡，在皮箱裡塞進新一季的布料，以及依照著古老方法製作出來的經典西裝，手藝精湛的打版師們穿過英吉利海峽來到歐陸，甚至跨越大西洋來到美洲大陸，向眾多海外的鑑賞家們推銷最正統的英國西裝！海外客人的捧場對薩維爾街上的許多老店非常重要。舉例來說，位於薩維爾街十五號的Henry

Poole，每一次造訪美國可以收到大約七十至一百份訂單；而對於薩維爾街十三號的Richard Anderson而言，來自紐約的訂單甚至占了整體營收的百分之七十呢！

套量訂製，還是全訂製？

所有的西裝最初皆是量身訂製的。西裝的歷史有多久，全訂製（bespoke）的歷史就有多久。一套全訂製的西裝，幾乎就是品質的代名詞。但是全訂製的西裝需要很多的製作時間與成本，因此套量訂製（made to measure）便應運而生了。套量訂製的歷史最早可以追溯到十八世紀，在十九世紀時廣泛地運用在軍隊制服的製作。而薩維爾街開始製作套量訂製大約始於一九三〇年代，當時是為了服務一些慕名而來、但是無法等待太久的旅客。後來由於套量訂製效率更彰、價格較低，所以開始受到其他許多男士們的歡迎。

一般來說，套量訂製與全訂製最主要的差別在於模版的製作。進行套量訂製時，店家會根據客戶的尺寸，先請客戶穿上標準版型的西裝。此時，西裝通常不會完全合身，這時店家就會進行測量，將不合的部分記錄下來，譬如肩寬、腰身、衣長等，作為標準版型增減之用。越高級的套量訂製，所需測量、可供修改的部分就越多。因為套量訂製已經有依據的標準模版，所以在設計上自由度較低。通常店家會提供有限的選項，例如領片樣式、口袋樣式、開岔樣式等等，其餘的就完全按照店家的設計。

全訂製原則上沒有模版的存在，所以會根據每個客人的需求及身材重頭開始繪製模版。所以在薩維爾街，第一件全訂製都會比之後的貴上一千英鎊左右，主要就是繪製模版的費用。此外，由於沒有標準模版的限制，因此理論上，全訂製西裝的設計是可以將客人腦中各種對完美西裝的想像付諸實現。

襯衫、西裝、領帶、口袋方巾、
皮鞋，皆來自Delvero。

Bates紳士帽；高領毛衣、外套、口袋方巾、燈心絨長褲、牛津鞋，皆來自Tom Ford。

套量訂製與全訂製的另一個差別在於「試穿」的次數。大部分的套量訂製並沒有在製作過程中提供試穿，僅在最後製作完成時提供一次試穿與修改。而全訂製從製作到結束，中間至少會有兩至三次半成品的試穿，根據設計的複雜程度還可以到更多次。此外，全訂製幾乎都是由裁縫師手工完成；而套量訂製則有可能是機器完成或手工完成。

以上簡述適用於大多數的狀況，但套量訂製與全訂製的定義偶爾仍會因品牌不同而異。例如頂級的義大利訂製品牌Kiton的套量訂製便能夠提供客戶完全客製化的西裝製作，而不必拘泥於標準模版。換言之，來此製作套量訂製與全訂製的客人可以享受到看來幾乎沒有差別的服務，在設計上享有幾乎一模一樣的自由度。而最大的不同主要發生在製作層面：套量訂製的西裝，其製作過程會有許多不同的裁縫師參與，而全訂製的西裝則只會由一個經驗豐富的裁縫獨力完成。

英式西裝，還是義式西裝？

英式西裝與義式西裝最主要的差異在於西裝的結構。由於很多薩維爾街上的裁縫，像是Henry Poole、Gieves & Hawkes、Dege & Skinner等，都具有製作軍裝的背景，而軍裝有個必備要件就是必須讓穿上的人能更顯英挺，因此會使用較多的墊肩，在布料與內裡之間也會加入比較多的襯墊（canvas）。此外，相較於義大利，英國氣候較冷，而襯墊的材質多為馬毛與駱駝毛，因此使用更多的襯墊多多少少也具有一點保暖的效果。再者，英國民族性較為保守，不喜歡過度暴露自己的曲線，所以喜歡藉由結構豐富的西裝來達到修飾身材的效果。

義式西裝又可以分成米蘭式（Milano）、羅馬式（Roman）與拿坡里式（Neapolitan）。米蘭是義大利的商業中心，對商務西裝的需求很

高，因此西裝的結構較接近薩維爾街。到了最南邊的拿坡里，人們對西裝擁有截然不同的態度。他們視西裝為第二層皮膚，穿著西裝不是為了遮掩身材，而是為了能展現自身的曲線、擁抱最自然的美麗。因此裁縫師們便將西裝裡面的結構盡量移除。有時候一件西裝外套竟可以像襯衫一樣輕薄！此外，由於地處南方，布料都很輕軟，便更加呈現出與英國完全不同的風貌。由於拿坡里式西裝有著強烈的風格，並且能將義大利人熱情洋溢的民族性徹底展現，因此拿坡里式西裝也常被拿來當作義式西裝的代表。而羅馬式的西裝就如同這三個城市的地理位置一樣，其風格正好介於米蘭式與拿坡里式之間。

何謂一套典型的英式西裝？

一套典型的英式西裝有以下幾個特色：腰線高、兩顆釦、西裝領、開雙岔。後面三點偶爾會隨著潮流改變，但腰線高這點卻是一個非常英倫的特色。腰線高除了指褲子為高腰褲之外，西裝外套第一顆釦子，以及西裝領分岔的位置也比較高。英國人穿西裝的目的是為了營造更完美的身材比例，所以一套好的西裝要能夠製造寬肩、窄腰、長腿的視覺效果。西裝褲則傾向於側邊調節環勝過於皮帶扣環。

襯衫、西裝、領帶、口袋方巾，皆來自Delvero。

何謂一套典型的拿坡里式西裝？

大部分的拿坡里式西裝採用西裝領多過於劍領，因為西裝領相較於劍領沒有那麼正式嚴肅。許多人以為義大利西裝後襬沒有開岔，基本上這是不對的。大部分的拿坡里式西裝是開雙岔，其他是單岔，只有在非常少數的訂製晚宴服才會採用不開岔的款式。

在西裝外套的釦子部分，拿坡里式西裝最大的特色就是有「三從二」（Tre-Su-Due Giacca，意即three-on-two）的西裝外套。這種外套的特色是領片非常柔軟，所以縱然有三顆釦子，但把它當成兩顆釦的西裝，只扣上中間的那顆釦子即可。至於第一顆釦子及釦眼，就讓它們輕巧的隱身在沒有多餘結構、也沒有被燙死的領片之中。

拿坡里式的西裝褲，基本上以皮帶扣環為主。因為皮帶是男士們顯示個人品味的一個重要環節，怎麼可以剝奪他們展示自己的機會呢？褲管長度偏短，並常常有反摺褲管（turn-up），讓男士們能盡情展現他們精心搭配的鞋子。

讓全訂製西裝打造完美身形

全訂製的好處之一，就是可以透過精密的測量來掩蓋人們身體上的缺陷。舉例來說，大部分人的兩個肩膀是不完全對稱的。百分之七十的人習慣用右手提重物，因此右肩會比較低。這時可以透過在右肩加上多一點的墊肩，讓兩個肩膀更加對稱。許多高爾夫球的玩家左半部的背肌會比較大塊，因此在製作西裝時，左背的布料要多一點，好讓整個背看起來更平。有些人習慣性駝背，普通的西裝穿在他身上會顯得背面的下襬比正面短，此時便可以把背面的布料加長，以達到平衡。此外，膝蓋內翻、膝蓋外翻、兩腿長短不一等問題，都可以透過計算與修正，讓視覺上更接近完美。

布料，遠比你想像的更重要

當人們討論到西裝時，總是花許多時間討論剪裁、款式。其實布料的重要性並不亞於西裝的剪裁。如果一張臉孔的五官分布與骨骼結構就像是西裝的剪裁，那麼覆蓋在五官之上的皮膚與毛髮就是布料。要成就一張完美無瑕的臉，兩者缺一不可。事實上，一套訂製西裝的價格主要也取決於布料的選擇，並不在於款式或設計。

歐洲的西裝發展與羊毛產業密不可分。而歐洲的羊毛又以英國毛料與義大利毛料為主。一般來說，英國毛料大多經過「無光澤處理」（matt finish）。因為表面太過滑亮的布料看起來有點招搖，並不符合傳統英國紳士的個性，因此比較不受英國人歡迎。相反地，義大利毛料通常表面充滿光澤，容易吸引眾人的目光。

除了英國與義大利面料的差別之外，布料商也會因應季節更迭或不同的使用目的製作出各種混紡面料。例如針對春夏所製作的亞麻、棉或蠶絲混紡的料子，或是針對秋冬推出的山羊絨、羊駝毛等混紡毛料。此外，若要製作出一套得經常伴隨主人旅行四方的商務西裝，就常會使用毛海（mohair），雖然質地比較硬，但具有良好的抗皺效果；而想要製作出一套質料堅韌、歷久彌新的西裝，那就非斜紋軟呢（tweed）的料子莫屬。

布料也常會成為各個品牌行銷的重要賣點。例如Kiton只使用自己羊毛作坊生產的布料。而Henry Poole會不定期推出復刻的經典面料，其中一款稱作「邱吉爾面料」的便是復刻溫斯頓·邱吉爾爵士於一九三六年在Henry Poole訂製西裝時所挑選的布料。

在薩維爾街上
尋找傳說中的英倫風格

Henry Poole

✉ 15 Savile Row, London, W1S 3PJ
☎ +44 (0) 20 7734 5985

Henry Poole由詹姆士・普爾（James Poole）創立於一八〇六年，以製作軍裝發跡。後來傳到其子亨利・普爾（Henry Poole）手中，由於他高超的技藝與社交手腕，慕名而來的皇室貴族與名人越來越多。亨利・普爾在一八四六年時結識了當時還是路易・波拿帕王子（Prince Louis Bonaparte）的法國皇帝拿破崙三世，為其訂製西裝，並於一八五八年獲得第一個皇室認證。在一八六〇年結識了當時還是威爾斯王子的英國國王愛德華七世，為他製作了世界上第一件晚宴服，並於一八六三年獲得第二個皇室認證。在短短的數年之間，Henry Poole獲得多達五十個認證，收到來自德國、法國、義大利的王公貴族的訂單。由於其悠久的歷史與謹守傳統的優異技術，Henry Poole也被稱為「薩維爾街的創建者」。Henry Poole在薩維爾街並不販售成衣，也不提供套量訂製，僅提供純訂製的服務。請與Henry Poole經驗豐富的打版師討論該西裝的使用目的，並決定布料、樣式、細節等，透過三十道精密的測量，打版師將為你打造出獨一無二、專屬於你的版型！純訂製歷時約兩個月，到成品結束之前，中間會經過三次試穿，每一次皆會進行微調。所有測量、剪裁、縫紉等工作皆是在此完成。一套兩件式純訂製西裝約四千英鎊起。

Gieves & Hawkes

✉ 1 Savile Row, London, W1S 3JR
☎ +44 (0) 20 7432 6403

一七八五年成立的Gieves與一七一一年成立的Hawkes，於一九七四年合併成立了Gieves & Hawkes品牌，是薩維爾街上最古老的裁縫之一。Gieves & Hawkes最早以製作軍服和皇室禮服而聞名，也是目前在薩維爾街上少數仍繼續為軍隊製作制服，並與皇室密切合作的店家。目前持有三項皇室認證。在各大典禮上，並不難發現皇室男性成員常穿著Gieves & Hawkes製作的西裝。此外，雖然謹守著傳統英式西裝風格，Gieves & Hawkes卻不拘泥於某一種既定的款式，因而廣受各個階層的歡迎。上至查爾斯王子、威廉王子（Prince William）、名流、銀行家，下至許多市井小民，皆是一套Gieves & Hawkes西裝的擁有者。位於薩維爾街一號的Gieves & Hawkes旗艦店裡提供成衣、套量訂製與全訂製的服務。以兩件式西裝為例，成衣約八百英鎊起跳；套量訂製約一千英鎊起跳，需耗時八至十周；而全訂製約四千五百英鎊起跳，耗時十二至十六周。

Richard James

✉ 29 Savile Row, London, W1S 2EY
☎ +44 (0) 20 7434 0605

由於營運模式無法與時俱進，以及在奢侈品牌紛紛推出量產成衣的夾擊之下，薩維爾街在一九六〇至七〇年代曾經一度失去光輝。九〇年代初期，一群新銳裁縫師在此地設店，開啟了薩維爾街的新頁，而理查・詹姆士（Richard James）正是其中最重要的一員。Richard James成立於一九九二年，以精湛的手藝與更為當代的線條在薩維爾街占有一席之地。理查・詹姆士不再以裁縫自居，而是以設計師的身分經營品牌。他首先打破了薩維爾街的店家不在禮拜六營運的原則，敞開大門歡迎顧客。之後又推出成衣，主動出擊，進行品牌行銷，而非被動等待客戶上門，終於成

功吸引到新一代的顧客。今日，Rchard James 擁有在薩維爾街上最大的店面，也同時提供套量訂製與全訂製的服務。一套兩件式成衣西裝約七百英鎊起跳，全訂製約四千英鎊起跳，耗時八周。套量訂製還細分機器訂製與手工縫製：機器訂製約一千三百英鎊起跳，手工縫製約兩千英鎊起跳。

Kilgour

✉ 5 Savile Row, London, W1S 3PB
☎ +44 (0) 20 3283 8941

Kilgour的歷史最早可以追溯至一八八二年，在一九二〇年代開始綻放光彩，是英國作家伊恩·佛萊明（Ian Fleming）筆下的經典人物詹姆士·龐德最為青睞的西裝品牌。一九八二年，Kilgour經歷了一場祝融之災，百年來累積的版型剪紙全都付之一炬。之後Kilgour的經營權幾經易手。二〇一四年時，現今的擁有者決定揮別過去的風風雨雨，重新在薩維爾街開業，並以全新的面貌再次向世人介紹這個擁有兩百年歷史的品牌。在目前的創意總監卡卡羅·布蘭德里（Carlo Brandellie）的帶領之下，Kilgour走出了一個與他在薩維爾街的鄰居們全然不一樣的格局：一種完全當代、簡約、俐落的新英倫風。店內販售成衣，並提供全訂製的服務。一套兩件式成衣西裝要價約一千五百英鎊起，一套全訂製兩件式西裝則約五千英鎊起跳，耗時六至八周。

在倫敦發現
屬於拿坡里式的熱情

Kiton

✉ 14A Clifford Street, London, W1S 4J
☎ +44 (0) 20 7409 2000

Kiton成立於一九五六年的拿坡里，代表的是最奢華的義大利式裁縫，擅長將最浪漫奔放的南義風情融入男裝之中。走進位於梅菲爾的Kiton旗艦店，便不難理解為何Kiton擁有「全世界最昂貴的西裝」的封號。所有架上陳列的西裝都散發著鮮明、飽和的色彩；不分季節，西裝外套皆呈現出簡單又流暢的線條（除去了墊肩與襯墊），讓穿戴者感到毫無束縛。除了迥異於英式西裝的剪裁，Kiton最為人稱道的便是其供應鏈管理：從布料製作開始便不假手他人，只使用自己生產的面料，因而製作出一系列品質精良的西裝。Kiton提供成衣、套量訂製與全訂製的服務。套量訂製大約需要七個禮拜的時間來製作，兩件式的西裝從四千英鎊起跳，根據不同的布料會有不同的價錢；全訂製西裝大約需要八個禮拜的時間製作，兩件式的西裝從八千英鎊起跳。兩者中間皆有一到三次的試穿，按客戶需求與款式複雜程度而略有不同。

Charles Law
—— 企業家、業餘馬球選手

Q 請問你在倫敦住了多久？

A 我在倫敦住了三年半。之前我一半時間住在拉丁美洲，一半時間住在倫敦外的近郊。

Q 如果你有一個悠閒的下午，倫敦的哪裡會是你想要消磨時光的地方呢？

A 我喜歡雀兒喜區。那裡不像市中心一樣，總是那麼擁擠。那裡的步調比較緩慢，但有很多很好的餐廳、酒吧，可以在那裡跟朋友消磨很多時光。此外，天氣好的時候，我喜歡到聖詹姆士公園（St. James's Park）散步，然後途經白金漢宮（Buckingham Palace）。

Q 對你來說，哪裡是倫敦最佳的購物地點？

A 我喜歡Selfridges百貨公司，也喜歡龐德街。如果以品牌來說，我喜歡Tom Ford、Ralph Lauren、Prada、Dolce & Gabbana，還有平價一點的Reiss。而這些品牌在上述兩個商圈都找得到。

Q 一個當代男人的衣櫃裡，絕對要有的三個單品是什麼呢？

A 一件白色襯衫、一件黑色皮衣、一套海軍藍的西裝。

Q 在夏季與冬季時，你最常穿的分別是什麼呢？

A 在夏天時，我常穿上純白的V領T-Shirt、深藍色的牛仔褲、酒紅色的麂皮樂福鞋，再加上一件麂皮的休閒夾克。在冬天時，我會穿上藍色襯衫、斜紋軟呢獵裝外套、深藍色的牛仔褲、設計師品牌的高筒球鞋，然後外面再套上一件parka外套。

Q 你會如何形容你的衣櫃？

A 我的原則是重質不重量。但儘管如此，我還是有很多衣服，風格也很多變。因為工作的關係，我必須旅行到很多地方，也必須出席很多社交場合。因此，當我到比較危險的地方時（我常常得到拉丁美洲出差），我必須穿著非常低調，當我參加宴會時，就必須穿得非常講究。

Q 當你打馬球時，都穿什麼樣的衣服呢？

A Polo衫、白色的牛仔褲、黑色的長筒皮靴。其實就跟你在Polo Ralph Lauren的店裡看到的衣服一模一樣。有趣的是，大部分的人一輩子沒打過馬球，可能也沒看過馬球比賽，但每個男人的衣櫃裡都掛著幾件polo衫。

Q 你心中最會穿著打扮的男人是誰呢？

A 有三個人總是在穿著打扮上帶給我啟發，他們分別是前足球員貝克漢、佩普（Pep Guardiola），還有法國老牌影星亞蘭·德倫（Alain Delon）。

Q 可以介紹一下你今天的穿著嗎？

A 海軍藍雙排釦西裝，由Delvero量身訂製，以及Ralph Lauren領帶、Tom Ford的黑色口袋方巾、Prada黑色皮鞋。袖釦是黃金打造的，上面有我們家族的徽章。手錶則來自Hublot。

RAINCOAT &
TRENCHCOAT

風衣。

「如果路上的行人回過頭來看你，
表示你穿得不夠得體；
質料太硬挺，剪裁太合身，
要不然就是穿得太有型！」

——時尚名流花花公子布魯梅爾

你是否相信，大街上、餐廳裡，那些流離失所、過度氾濫的異國語彙，有時會令我不知自己身在何處。這時，治療失憶症的藥方便是一件風衣──還有什麼東西能使心中隱藏的這座迷人城市更加具象化的呢？

將領子高高豎起，腰帶隨意地在背後打了個結，我走在黃昏的街頭，成為這座城市裡成千上百個米白的身影之一。一如倫敦遠播的惡名，天空開始下起小雨。置身於缺乏騎樓的傳統歐洲建築叢林中，這場雨令我無處可躲。我並不感到特別冷──縝密的編織令身上這塊棉料也能抵禦凜冽的天候。雨滴落在gabardine埃及棉布上，兀自集結成更大的水珠，然後隨著我微微地抖動身體，便沿著右胸口的托槍扇（gun flap）與背後的導雨棚（rain guard）輕輕滑落。轉進了以遙遠的歐陸首都為名的巷弄，看著路旁餐廳外躺在棚子底下吸著水煙的男子，耳邊則響起了東正教教堂綿密不絕的鐘聲。這是何處？我又再一次對這座城市的身分感到迷惘。

突然，有人拍了拍我的肩膀。回過頭去，一個穿著短大衣、頭戴紳士帽的年輕男子露出一口白牙笑道，「老兄，借根菸吧！」喔！是的，我的確身處倫敦。

著名的風衣品牌Aquascutum名字可以反映出風衣與防雨的關聯性。Aquascutum在拉丁文裡代表了「防水」（aqua＋scutum＝water＋shield）的意思。

風衣，還是雨衣？

大不列顛地處高緯，且四面環海，再加上受到西風帶與洋流影響，因此雨水豐沛，且天氣變幻莫測。相較於歐陸鄰居們，更加多變的天氣是全世界對英國的刻板印象，但也間接成就了英國成為發展防雨設備的專家。在中文裡，我們總是稱呼它們為「風衣」。但其實風衣的發展跟「風」沒有什麼關係，倒是跟「雨」的關係密不可分。要了解風衣的歷史，一定要回到兩百年前，看看當時英國人對於防雨設備的需求。

在十九世紀初期，蘇格蘭化學家查爾斯·麥金塔（Charles Macintosh）研發出了分解天然橡膠的方法，使橡膠可以變成一種塗料，薄薄地塗在兩層面料中間，以此製成了世界上第一塊防水布料，並在一八二三年取得專利。而使用此布料製成的大衣，自然也成為世界上第一款現代雨衣。但這款雨衣非常厚重，穿起來並不舒服。此外布料會散發一種怪味，並且遇熱時夾層的橡膠還會融化，因此漸漸遭到市場淘汰。到一八四三年時，麥金塔和他的合作夥伴湯瑪斯·漢考克（Thomas Hancock）找到了將這款布料改善的方法。改良後的雨衣更輕薄，少了怪味，並且能夠抵抗高溫。此外，他們也研發出另一種原料，能夠塗抹在布料的車縫線上，使整件雨衣的防水性更強。

在上述這款改良過的雨衣問世的十年之後，倫敦的一間男裝店主人約翰·埃默里（John Emery）也找出了一個方法，在不使用橡膠的狀況下，讓羊毛在經過特殊處理後也具有防水功能。他將這款布料取得專利，並以 Aquascutum 之名開始販售以此材質製成的斗篷及大衣。而「aquascutum」在拉丁文裡正是「防水」（aqua＋scutum＝water＋shield）的意思。Aquascutum 製作的這款雨衣最接近現代風衣的雛型。由於其不凡的機能性，旋即獲得英國政府的青睞，大量採購，並且用於克里米亞戰爭。

H&M風衣；西裝、襯衫、領帶，皆來自Tom Ford。

到了十九世紀末期，在英格蘭南方經營男裝店的湯瑪斯・博柏利（Thomas Burberry）也發明了防水布料。但不同於Aquascutum，Burberry致力於使用埃及棉來研發防水布料。透過編織方法的改善，Burberry所製作出來的布料非常強韌、耐擦、耐磨、並且能夠防水。他將這種布料稱之為gabardine，並於一八八八年取得專利。Burberry將這種布料使用在製作大衣上，並在第一次世界大戰時接了很多訂單，為英軍製造風衣。現今的風衣，絕大多數是由gabardine棉所製成的。

風衣發展的歷史，其實就是一段「防水布料」的演進史。「風衣」或是「雨衣」，在中文裡或許會讓人聯想到完全不同的東西，但是在英文裡的界線卻很模糊。即使在今天，仍然有很多英國人以raincoat來稱呼風衣！

Mac，還是trench coat？

如果以款式來區分，風衣主要有mac與trench coat兩種選擇。Mac是mackintosh的簡稱，源自前述發明世界第一款防水布料的查爾斯・麥金塔的姓氏「Macintosh」。Mac的特色是線條非常簡單，剪裁呈直筒狀或傘狀，並且沒有太多的細節。大部分是單排釦，經典的顏色是海軍藍與米白色。Mac在發明之初非常受到藍領階級、馬車夫與以馬代步者的歡迎。但很快地也被白領階級與紳士們所接受，並且廣泛地被使用來搭配西裝。

Aquascutum風衣；Loro Piana
西裝；TM Lewin襯衫；Tom
Ford領帶。

RAINCOAT
&
TRENCH
COAT

不論是誰發明了風衣，
它已經成了倫敦最具
代表性的風景之一。

而trench指的是戰場上的壕溝，所以trench coat顧名思義便是指在第一線作戰的軍人們所穿的防雨大衣。因為一開始就是為了特殊的目的而製造的，因此trench coat所有的細節皆始於機能考量多過於美觀考量。舉例來說，trench coat領口有兩個小扣環（throat latch），其目的是在強風來襲時能保護喉嚨，使之不會直接受寒。肩上的肩章（epaulettes）可以在行進時幫忙固定槍枝，有時候也可以裝載一些裝備。右肩到右胸有一塊方形的托槍扇，目的在於當軍人開槍時能夠降低一些後座力；另外，下雨時，也可以避免雨水直接流進槍裡面。袖口處有調節大小的布帶與扣環（belted cuffs）。在下大雨時，若將扣環繫緊，則可避免雨水流進衣服裡。而從頸部到背部的導雨棚，則可以讓雨水直接滑落，而不是順著背部曲線一路流到下襬。背後的腰帶處有兩個D型扣環（D ring），可以在此懸掛手榴彈或防毒面具。此外，為了行動方便，背後下襬處一律開單岔。Trench coat因為第一次世界大戰而量產、普及，即使在戰後仍然繼續受到男士們的歡迎。它不僅是mac之外的另一種選擇，也因為更多的細節與陽剛的設計，自第一次世界大戰後便成為令男士們趨之若鶩的單品。

其實風衣的發展跟「風」沒有什麼關係，倒是跟「雨」的關係密不可分。風衣的歷史，就是雨衣的歷史。

風衣、襯衫、皮帶、休閒鞋，皆來自COS；Reiss長褲。

Gant風衣；襯衫、西裝，皆來自Richard James；Chester Barrie襯衫領針；領帶、領帶別針、口袋方巾，皆來自Lanvin。

打造一件合身的風衣

既然從襯衫、外套到褲子都講求合身,那麼罩在外面的風衣當然也不例外。

試穿風衣時,請先問問你自己,你希望往後在風衣裡面穿著西裝嗎?如果是的話,在試穿時記得也在裡面多加件外套,才能找到最適合的尺寸。

Trench coat所有的細節皆始於機能考量多過於美觀考量。例如,肩上的肩章可以在行進時幫忙固定槍枝,有時候也可以裝載一些裝備;袖口處有調節大小的布帶與扣環,在下大雨時,若將扣環繫緊,則可避免雨水流進衣服裡。

由於幾乎很少有人提供量身訂製風衣的服務,但成衣又很難適合每一個人,因此當你的風衣不太合身時,修改便是一個必要的手段。

風衣看起來不合身的一大原因在於袖子長短。風衣的袖長應該要能夠剛好覆蓋裡面的西裝或襯衫。從肩部往上提可以完全保留袖口的細節。身材沒那麼高挑的男士,也可以考慮修改風衣的長度,使它結束在膝蓋之處,甚至稍微在膝蓋之上。

Store guide

讓英國紳士們在惡劣的天氣下
也能優雅從容的祕密武器

Burberry

✉ 121 Regent Street, London, W1B 4TB
☎ +44 (0) 20 7806 8904

成立於一八五六年的Burberry，靠著與風衣
發展的深厚淵源，以及經典的格紋，而在時
尚圈屹立不搖。除了Burberry London所販售
的Sandringham、Kensington、Wiltshire與
Westminster等經典款式的風衣之外，還有
Burberry Brit所販售的價格較為親民的樣式，
以及Burberry Prorsum每一季所推出的更具
設計感的款式。豐富的選擇與不墜的人氣，
Burberry儼然已成為風衣的代名詞了！

Aquascutum

✉ 78-79 Jermyn Street, London, SW1Y 6NP
☎ +44 (0) 20 3096 1865

從克里米亞戰爭到第二次世界大戰，從愛
德華七世到伊麗莎白二世（Elizabeth II），
Aquascutum曾經多次被欽點為戰時軍隊風衣
的供應商，並且屢次獲得皇室認證，其象徵
的是與皇家、軍隊、紳士、整個社會風潮緊密
結合的英倫精神。Aquascutum在品牌創立之
初，以開創者的姿態成為防水布料的先驅；在
成立逾一百六十年後的今天，則是一個美好
傳統的傳遞者與守護者。無論是哪一種角色，
Aquascutum都表現的得心應手，並已在英國
男裝的發展史上占有一席之地。

Mackintosh

✉ 19 Conduit Street, London, W1S 2BH
☎ +44 (0) 20 7493 4678

「Mac」成為家喻戶曉的名詞多半是因為蘋
果公司旗下的麥金塔電腦（Macintosh）。但
是在歐洲，「mac」一詞卻早在該款個人電
腦風行之前便已為人熟知，而這都得歸功於
Mackintosh公司。自從利用橡膠塗料發明了世
界第一款防水布料之後，成立於一八二三年的
Mackintosh公司所設計的雨衣已成為各個男
裝品牌爭相仿效的對象。現在該公司已被日本
企業收購，但是走進位於梅菲爾的旗艦店裡，
架上掛著的mac風衣仍然散發著當初的英倫
風味。

Barbour

✉ 211-214 Piccadilly, London, W1J 9HL
☎ +44 (0) 20 7434 3709

成立於一八九四年的家族企業，目前由第五
代成員所經營。Barbour出產一系列適合狩獵
與戶外活動的服裝，其中以上了蠟的棉質夾
克（waxed jacket）最為人所熟知。由於這款
外衣太負盛名，因此後來不管是否為Barbour
所出產的，只要是這類型的外套就經常被英
國人稱為Barbour jacket。在所有的上了蠟
的夾克中，最經典的款式便是International
jacket。該款夾克誕生於一九五一年，當初是
為了摩托車騎士所打造的，上了蠟的面料可以
擋風遮雨，而其左胸上斜向一邊的口袋，則是
特別為了方便騎士單手拿取口袋中的地圖而
設計的。

坐在家中，也能同步採購
最道地的英倫時尚

Mr Porter

☞ http://www.mrporter.com

Mr Porter的總部設立於倫敦，是一個只為男士們服務的購物網站，矢志照顧每個紳士的衣櫥。Mr Porter囊括了超過三百個最頂尖的設計師品牌，貨品運送至全球一百七十個國家，並且每月擁有兩百五十萬不重複瀏覽人次。除了每周持續上架的新商品之外，Mr Porter還會定時發布線上周刊，內容包括流行資訊、搭配技巧，以及名人訪談，內容豐富而有深度，具備專業時裝雜誌的水準。《Esquire》如此形容它：「在網路世界裡，Mr Porter對男裝的影響力已經不是個祕密了！造就它如此成功的原因之一，是它不僅提供了男人們想要的東西，它也打開了一扇窗，讓男人們發現他們還不知道的好東西。」Mr Porter的風格成熟瀟灑，優雅穩重，適合常常在城市裡遊走的輕熟雅痞們，也是所有想打造英倫風格的男士們不能錯過的指標性網站。

Asos

☞ http://www.asos.com

如果前述的Mr Porter是梅菲爾區的社會菁英手機裡最常瀏覽的網站，那麼Asos就是東倫敦那些酷帥有型的小夥子們打點自己衣櫥的必訪之處。Asos成立於二〇〇〇年，並迅速發展成一個巨大的國際購物平台。目前該網站支援九國語言，販售超過八萬個產品。在此出售的主要是平價品牌的服飾，以及一些新銳設計師的創作，主打「讓每一個人都能負擔得起」的潮流商品。Asos的風格年輕多變，常帶有街頭色彩。此外，Asos的產品汰換率高，並且無時無刻都有特價商品，吸引了許多死忠的追隨者。

Farfetch

☞ http://www.farfetch.com

Farfetch於二〇〇八年設立於倫敦，是一個非典型的購物網站。有別於一般購物網站採取「獨立進貨，獨立販售」的營運模式，Farfetch則是一個集合了超過三百五十家實體精品店的網路社群。在Farfetch提供的平台上，你可以透過選擇不同的產品項目，一次瀏覽所有精品店的相關商品。Farfetch除了帶給消費者更多的便利之外，也幫助了很多經營模式古老、缺乏網路行銷概念的店家開發更多的銷售渠道，因此受到越來越多的店家歡迎。從倫敦到西雅圖，從東京到墨爾本，加入Farfetch的精品店已經遍及歐、亞、美、非、大洋等五大洲，線上品牌也從一線奢侈品，到充滿實驗精神的新創品牌，一應俱全。

三百五十家店，便意味著三百五十個不同的採買者、三百五十個不同的眼光。這個雜揉了各種不同路線，而彼此之間又不互相牴觸的銷售模式，就是Farfetch的獨特之處，也是它最大的武器。

你偏愛的是哪一種風格呢？相信在這裡，你一定可以找到的。

Andrew Peter Phillis
—— Selfridges Men's Designer Wear 品牌經理

Q 請問你在倫敦住了多久？

A 我在倫敦住了四年，之前住在肯特郡。

Q 如果你有一個悠閒的下午，倫敦的哪裡會是你想要消磨時光的地方呢？

A 夏天時我喜歡去公園。海布里公園（Highbury Field Park）是個很好的選擇。櫻草丘也不錯，那裡地勢比較高，可以看到整個倫敦的景致。在冬天時，我喜歡跟朋友一起待在酒吧裡。位於馬里波恩（Marylebone）的Angel In The Field是我最喜歡的酒吧之一。那裡是典型的英國傳統酒吧，散發著濃濃的懷舊風情。

Q 對你來說，哪裡是倫敦最佳的購物地點？

A 我喜歡所有獨立經營的小店。例如在倫敦市中心的Other Shop、北倫敦的Sefton，或是東倫敦的A.P.C，都是我喜歡光顧的地方。這些小店獨一無二，充滿靈魂。

Q 一個當代男人的衣櫃裡，絕對要有的三個單品是什麼呢？

A 一件寬版的白色襯衫，一件黑色的打摺褲子，以及一條寬大、素面、羔羊毛或喀什米爾的圍巾。這些單品可以為一個男人塑造出非常當代的輪廓。

Q 在夏季與冬季時，你最常穿的分別是什麼呢？

A 在夏天時，我會穿上短袖襯衫、打摺的短褲（一定要夠短！）、Ray Ban太陽眼鏡、托特包，還有一雙卡其色的麂皮樂福鞋。冬天時，我會穿上素色的寬版上衣，黑色打摺褲子（褲管要夠短，能夠露出腳踝）、短版大衣、黑色樂福鞋，再加上一條大圍巾。如果下雨的話會再戴一頂寬邊fedora帽，因為我不喜歡撐傘。

Q 一個男士應該如何在不花太多錢的狀況下更新自己的衣櫥，並且逐步培養出時尚自覺？

A 如果在預算有限的狀況下，不要花太多錢在基本款的上衣，例如素色T-shirt、針織衫等。Uniqlo是一個不錯的選擇。此外，當你要把一件舊衣服丟掉時，試著問問自己，這件衣服到底是哪裡出問題了？如果是因為不夠合身、太寬或太長，那麼為何不去找裁縫重新修改一下呢？那會比再買一件新的東西省錢得多！如果要定期更新自己的時尚知識，不妨上style.com多看看。如果在單品間的搭配上有疑問或不確定的地方時，則可以去Mr Porter的網站上看看照片，便可以慢慢領會他們的造型師為模特兒搭配服裝背後的邏輯與概念。

Q 你心中最會穿著打扮的男人是誰呢？

A 沒有特定的對象。對我來說，在不同的年齡、不同的季節，我會被不同的對象所啟發。所以有可能是正在看一部老電影的時候，突然覺得「哇！這樣穿真酷」，或是走在路上時，不知名的行人也能激發我一些想法。能夠帶給我靈感的人隨時有可能出現，所以我並不會特別追蹤誰。

Q 可以介紹一下你今天的穿著嗎？

A 深色長袖上衣購自Uniqlo，皮帶是親人的遺物，黑色打摺褲購自Calvin Klein，黑色短版大衣購自Holland Esquire，羊毛寬邊帽是禮物，麂皮托特包購自美國品牌R.T.H，黑色樂福鞋購自Russell & Bromley，卡其色圍巾購自ACNE。

牛仔褲。

「我常常說，真希望是我發明了牛仔褲，牛仔褲最漂亮、最實用、最輕鬆與最滿不在乎於一體。它們擁有所有我希望可以在我的衣服裡找到的原素：充滿張力、莊重、性感、簡約。」

——設計師伊夫‧聖羅蘭（Yves Saint Laurent）

你 不急不徐地走向吧台，弓身向前，手肘撐在台子上，深色、微微鬆曲的頭髮有條不紊地向後腦勺聚攏，卻又在後方頸項處自然地散落開來。當你對吧台女侍說話時，頭部不自覺地往前傾，構成一種親暱的角度。未開口便向上揚起的嘴角，以及低沉的嗓音，彷彿在說著情人間的絮語。僅僅在那一、兩秒之間，沉默壟罩整個咖啡館，女士們豎直了耳朵，似乎想擷取一些流洩出來的隻字片語。米白色的上衣與大理石製的長台融為一體；而深藍色的牛仔褲襯托著的修長雙腿輕鬆地交叉站著。從四面八方穿射而來的目光，毫不隱蔽地打探著眼前陌生的你。其實關於你的片段，早已被看穿：你總是把鑰匙放在左大腿前側的口袋，於是久而久之，那裡就出現了它的形狀；你總是將手機放在右後方的口袋，所以那裡就有了它的痕跡；因為你常常騎單車，褲管捲起來的部分會常跟車體摩擦，因而磨出了幾個小破洞；而大腿處的污痕，則可能是上周修理汽車所沾上的油漬。你的牛仔褲記憶了你的生活片段，因而變得與眾不同。正如同散發著迷人風采的你一般，像這樣的牛仔褲全世界也僅此一條！

褲管內的紅色車縫線是辨別selvedge denim的重要線索。Selvedge denim某種程度上反射了使用shuttle loom的美好年代。

美、日、歐各領風騷

世界上第一條牛仔褲製造於一八七三年的美國。最初是替鐵路工人、礦工、伐木工人、牛仔，以及其他勞動者所設計的工作褲。由於丹寧布料具有耐穿、耐磨又堅固的特性，因此非常受到藍領階級的歡迎。自一九五○年代開始，受到當時的影星保羅‧紐曼（Paul Newman）、詹姆斯‧狄恩（James Dean）等人的影響，一股穿著牛仔褲的風潮開始席捲全美國，影響所及遍布社會各個階層。這股風潮隨後更飄洋過海，擴及到全世界。

牛仔褲本來只有在美國製造，市場也僅限於本土的勞動人口。隨著需求快速增加，原本的生產線開始不敷使用。除了越來越多的工廠開始製作牛仔褲之外，廠商也著手研發效能更高的機器，用以取代原本製作丹寧布料的機器shuttle loom。新型的機器叫做projectile loom，可以把布料織得更寬，運作起來更有效率。於是，美國工廠紛紛將舊型的機器銷毀，或是轉賣給日本公司（註）。

雖然新型的projectile loom效能更佳，卻有兩點不及舊型的shuttle loom。原來shuttle loom在迴轉時不會將線斬斷，雖然織出來的布料比較窄，但更強韌。此外，由於舊型的機器有一個設計上的缺陷，導致布料會出現不規則的小瑕疵，反而受到牛仔褲鑑賞家們的喜愛。因此，日本的牛仔褲品牌便在這樣陰錯陽差的狀況下異軍突起。此外，在許多歐美公司因為政治因素而拒絕使用產業界公認「最適合製作丹寧布料」的辛巴威棉時，日本的牛仔褲公司大多仍繼續使用。在這些背景之下，日本牛仔褲的口碑不脛而走。甚至許多人都認同「日本製造了全世界品質最好的牛仔褲」這樣的一句話。

註／舊型的shuttle loom除了大部分被日本人買走之外，還有留下一部分在美國。以Levi's為例，如果是在Cone Mills轄下的White Oak廠區生產的牛仔褲，仍是由舊型的shuttle looms所製作，同時也代表了Levi's產品中較為高檔的路線。

AllSaints皮衣‥H&M T恤‥Citizens of Humanity牛仔褲‥Zara便鞋。

AllSaints T恤；H&M牛仔褲；Adidas運動鞋；vintage太陽眼鏡。

歐洲的丹寧產業早期以義大利為首而發展蓬勃，但相較於美國與日本的品牌，歐洲的牛仔褲品牌更為流行導向，同時也更注重如何讓牛仔褲與其他風格的服裝更為相容、更好搭配。某種程度上，他們間接拓展了牛仔褲的不同面向與購買族群。

牛仔褲專賣品牌，還是設計師品牌？

背負著品牌歷史的牛仔褲專賣品牌，對於棉花的選擇、布料的製作、染色、車工都有著一定的堅持與熱情，他們製作出來的牛仔褲通常具有精良的品質。許多奢侈品牌原本的生產產品中並不包含牛仔褲，因此在製作上常常是委外生產，而委外生產的品質則因被委託者的生產技術而有不同。但這並不意味著設計師品牌的牛仔褲不值得購買。每一個人消費的目的本來就不盡相同。舉例來說，如果有一個人是Dior男裝的擁護者，那他買了一條Dior的牛仔褲一點也不奇怪，因為這條牛仔褲的風格會跟他所購買的其他Dior服裝更吻合，讓他更能打造出他想追求的風格。

牛仔褲的美妙之處就在於它充滿了穿著者的個人紀錄。即使是同一款牛仔褲，因為每個人穿的頻率不同、生活習慣不同、從事的活動不同，到最後都會長成不同的樣子。

誰決定了牛仔褲的價格？

我們可以在倫敦買到一條四英鎊的牛仔褲，但也有的牛仔褲要價六百英鎊。到底是什麼左右了價格？

影響牛仔褲價格的原因很多，但品質是最主要的因素。你可以買到兩件看起來幾乎一模一樣的牛仔褲，價格卻有天壤之別。但直到你穿了之後才會發現，有些牛仔褲的布料品質實在太糟，穿過了幾次之後就逐漸失去原本的版型；有的牛仔褲經過歲月的洗禮，卻始終可以維持原本的架構。還有，染劑也是原因之一。品質好的牛仔褲是用天然的靛青（indigo）染了無數次，直到顏色完完全全附著；但便宜的牛仔褲卻很可能是用如硫化染料（sulphur）為主的化學染料。因此，雖然所有的牛仔褲或多或少都會褪色，但好的牛仔褲雖然褪色，卻不會失去原本色彩的飽和度。此外，還有許多原因會影響價格，例如 Tom Ford 的一款著名牛仔褲，在其褲頭正中央有一顆18K鍍金的鈕釦，自然價格也不斐。

牛仔褲應該多久洗一次呢？

牛仔褲的美妙之處就在於它充滿了穿著者的個人紀錄。即使是同一款牛仔褲，因為每個人穿的頻率不同、生活習慣不同、從事的活動不同，到最後都會長成不同的樣子。而可以肯定的是，太過頻繁的洗滌，將會使這條褲子的記憶不復存在。但是長期不清洗褲子，除了會發出異味，汗與油垢所滋生的細菌也會令布料變得脆弱。因此，這個問題的答案取決於「牛仔褲精神」與「衛生」何者更加重要。

Nudie Jeans牛仔外套；太陽眼鏡、襯衫、牛仔褲、麂皮樂福鞋，皆來自Tom Ford；Balenciaga手提袋。

Topman高領毛衣∵Burberry西裝外套∵Tom Ford口袋方巾∵Uniqlo牛仔褲∵Burluti全裁鞋。

Raw jeans，還是刷色牛仔褲？

原則上選擇raw jean為佳。如果你常穿，你的牛仔褲會出現很多自然的刷色、破洞，而且是獨一無二的。至於已刷色的牛仔褲，每個人穿起來都是一樣的，而且有一些用來製造刷色的藥劑或強酸對布料傷害也很大。

該選擇raw jeans，還是刷色牛仔褲？原則上選擇raw jean為佳。如果你常穿，你的牛仔褲會出現很多自然的刷色、破洞，而且是獨一無二的。

保留原始的剪裁，還是依個人喜好做修改？

理論上，能夠保留牛仔褲原本的剪裁與設計總是最好的。但每個人的身材比例都不盡相同，要找到完全符合自己喜好的長度、寬度、顏色、材質的牛仔褲並不容易。如果修改可以省下一點時間的話，為什麼不呢？此外，修改牛仔褲也是有歷史痕跡可循的。當初掀起牛仔褲旋風的始祖之一的馬龍·白蘭度（Marlon Brando），在一九五三年的電影《*The Wilde One*》中，穿了一條窄版的牛仔褲，如果你仔細看的話，你會發現在褲管捲起所露出的牛仔褲內側，其接縫的布料特別的寬，代表這條牛仔褲的褲管寬度也是經過修改而來的。

JEANS ✕

發明於十九世紀的
牛仔褲，是美國給歐
洲時裝產業最成功
的回禮。

除了球鞋，牛仔褲還能搭配什麼鞋子？

牛仔褲可以說是二十世紀最流行、最通俗、最廣受歡迎的單品。它跨越季節、年齡、社經階級與各種次文化團體，它理所當然地出現在每一個男士的衣櫃裡，也合群地與掛在前後左右各路風格的衣服合作無間。

在所有的牛仔褲當中，一條深藍色的直筒raw jeans是最容易搭配的。不論是最簡單的白色T-shirt、針織衫，還是西裝式的外套，都能相得益彰。而顏色太淺、刷色大膽，或是充滿破洞的牛仔褲，則容易被侷限在休閒服裝的範疇裡。

最神奇的是，一條簡單的raw jeans，除了運動鞋之外，根據上半身衣服的改變，幾乎什麼樣的鞋款都能搭配呢！舉例來說，如果上半身穿一件亞麻白色襯衫，腳下便可以套上一雙麂皮樂福鞋；如果換上了帥氣的黑色皮衣，最適合搭配一雙鞋側帶有金色拉鍊的黑色短靴；如果換成是帶有鄉村風格的獵裝外套，一雙焦糖色的雕花皮鞋就再適合不過了！

牛仔褲除了搭配球鞋之外，根據上半身衣服的改變，幾乎什麼樣的鞋款都能搭配呢！一雙麂皮樂福鞋似乎就是很好的選擇。

Vintage領巾：Brook Brothers皮衣；太陽眼鏡、針織衫、皮帶、牛仔褲、德比踝靴，皆來自Tom Ford；vintage手提袋。

探訪倫敦最惡名昭彰的
牛仔褲專賣店

Son Of A Stag

✉ 91 Brick Lane, London, E1 6QL
✆ +44 (0) 20 7247 3333

位於東倫敦的Son Of A Stag，被公認是全英國最專業的牛仔褲專賣店。店內販售多達三十三個品牌，大部分是日本及美國的牌子，同時也有少數德國與英國本地的品牌。在這裡，除了可以找到很多稀有的牛仔褲品牌之外，還可以得到對牛仔褲充滿狂熱的老闆Rudy所提供的「配方」。不一樣的丹寧布料，若使用不同的洗滌方式，會產生不一樣的效果。例如：有的牛仔褲應該穿一百八十天才下水洗第一次，有的牛仔褲應該先在淋浴間用水沖過之後自然風乾再開始穿等等。按照配方穿了六個月之後，你的牛仔褲會完全變成另一個模樣。這些配方可以讓你的牛仔褲最完美地展現你的個性、生活方式與生活習慣。

此外，該店擁有自一九三〇年代留下來的Union Special 43200G chain stich machine。這些機器最早在美國使用，用來車牛仔褲的縫邊。它有一個先天的缺陷，就是在車的時候會將線拉得很緊，造成車縫線充滿張力。當你把經過這台機器車過的褲子拿去洗之後，縫邊會產生不規則的波浪狀。因此，後來工廠就將這個缺陷糾正，設計出新的機種。但是當新的機器出來時，顧客開始抱怨原來的車邊有一種粗獷、未經修飾的美感，新的機器則無法達到這樣的效果。此外，這個機器車出來的縫線會隨機出現一些自然的瑕疵，而這也相當受到牛仔褲迷的喜愛。雖然後來製作機器的廠商有試著製造出復刻版，但總是因為效果太過規則而無法滿足褲迷的期待。現在全歐洲還有大概一百多台這樣的機器，而該店就占了約六十多台。由於很多零件都已經絕版，如果壞掉了就修不好，但該店還是用它們來幫客人修改褲子，這也算是Son Of A Stag最特別的服務之一。

Gino Anganda

—— 演員

Q 請問你在倫敦住了多久？

A 我在剛果出生，在倫敦住了超過二十年。

Q 對你來說，哪裡是倫敦最佳的購物地點？

A 我喜歡Dover Street Market。我喜歡那裡的陳設與氛圍。它讓我覺得時尚就是一件很簡單的事。

Q 你旅行過許多城市，對你來說，倫敦是一個時尚的城市嗎？

A 倫敦是很多不同民族與文化匯聚之地，因此我們總是可以看到許多不同風格的穿著打扮。人們習慣於用服裝來告訴別人自己的身分識別。而這也無形之中鼓勵了很多人，讓他們有勇氣追求自己內心渴望的風格。

Q 從你的角度來看，一個當代男人的衣櫃裡，絕對要有的三個單品是什麼呢？

A 一條牛仔褲、一件皮衣，以及一件大衣。大衣勾勒出男士們在冬天最優雅的輪廓。

Q 在夏季與冬季時，你最常穿的分別是什麼呢？

A 我喜歡oversize的衣服。夏天我會穿著沒有任何圖騰花紋的黑色T-shirt、Vivienne Westwood像阿拉伯人那樣褲檔低垂的褲子，還有一雙Vans休閒鞋。在冬天時，我喜歡多層次的搭配。可能是一件長版的T-shirt，外面搭上一件短的針織衫。下半身通常穿著深色的合身牛仔褲，還有一雙雀兒喜短靴。當然，一定要穿上一件大衣！

Q 如果有人想開始嘗試oversize的風格，你會給他什麼建議？

A 第一，絕對不要買大超過兩個尺碼。第二，不能全身都oversize，否則看起來容易變得邋遢。舉例來說，如果下半身想穿褲檔低的褲子，上半身的衣服一定要合身；反之，如果上半身想穿寬鬆長版的衣服，下半身的褲子一定得夠緊。

Q 衣服對於一個人的重要性在哪裡？

A 衣服塑造了別人對你的第一印象。身為一個演員，每一次試鏡最好的穿著就是一件白色T-shirt、牛仔褲，還有一雙球鞋。這是最簡單的打扮，卻能讓導演移除框架，在你身上看見最少的個人色彩，也更容易將你放入不同的角色。反過來說，如果你不是一個演員，你需要在生活中讓別人清楚知道「你是誰」，那衣服絕對是一個關鍵的因素。

Q 你心中最會穿衣服的男人是誰呢？

A 我從每一個人身上擷取靈感，每一個路上的行人。一個人可能不一定每天都穿得很有型，但總是有那麼一天，他的搭配會令人眼睛一亮，然後無形之中影響他身邊的人。所以我必須說，每一個人都是我潛在學習的對象。

Q 可以介紹一下你今天穿的衣服嗎？

A 我今天穿的是Jonathan Saunders的針織上衣，Dries Van Noten的長褲，Lanvin的運動鞋，還有Balenciaga的手拿包。

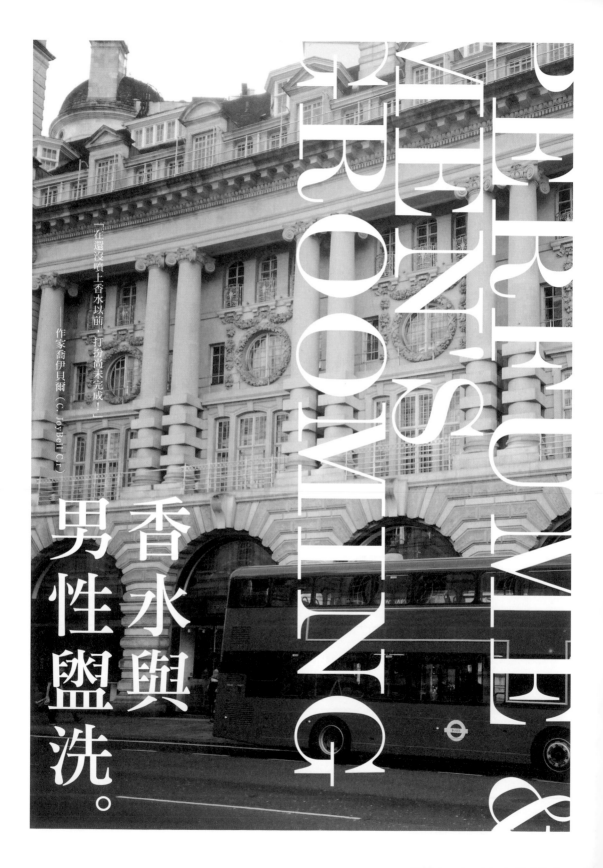

PERFUME &

MEN'S

GROOMING

「在還沒噴上香水以前，打扮尚未完成！」

作家喬伊貝爾（C. JoyBell C.）

香水與

男性盥洗。

他無疑是所有熟識的人當中最懂得人情世故的一位。他辦事極有效率，但舉止總是從容不迫。講起話來飽經世事，卻不油腔滑調。好像永遠都不會憂慮任何事情，卻隨時準備好傾聽所有人的煩心事。從不以嘲弄他人的風流韻事或隱私為樂，但必要時會不惜挖苦自己以搏君一笑。要付帳時，他會迅速掏出鈔票。若偶遇堅持買單的朋友，則會馬上從善如流，不會爭得面紅耳赤。他很少送人禮物，但對於送禮自有一套邏輯。關於禮物的來歷與包裝，他都異常講究，至於對收禮者是否有實際上的幫助，則總是顯得漠不關心。

所有的惡習，不論菸、酒、雪茄，他皆來者不拒，但從未聽說染上任何癮頭。或許從來不令他人感到掃興，便是他社交的最高指導原則吧。所以在派對裡儘管常常遲到，但總是留到最後。他會因應季節、潮流或是主人的特殊要求而勇於挑戰各種不同的裝扮，不論是格紋西裝、絲絨雞尾酒服，或是像艾賽克斯郡年輕人常穿的那種淺色、緊繃、露出腳踝的牛仔褲，全都難不倒他。若你有幸能見到他，一定也會著迷於他的風采。他有時高尚嚴謹，但有時也不介意迎合低俗趣味。無論如何，始終不變的是他不凡的談吐，以及總是縈繞在他周身、似有若無的……或許是天竺葵與柑橘混合的氣味，以及隱藏其中、伺機浮動的西洋杉。

如何不讓兩側的頭髮狂飆，或是避免頭頂上的髮絲任性隨風飛舞？要打造一顆紳士般的復古油頭，抹上大量的髮膠是必要的！

挑選一瓶香水

挑選一瓶香水對男士們來說如臨大敵。瓶子裡的液體好像一道永遠解不開的謎題——我們從來不知道那裡面到底裝了些什麼！我們對於一瓶香水的所有印象，皆是來自廣告裡的明星。當我們彆扭地擠在香水店裡試圖尋找適合自己的味道時，我們感到既期待又怕受傷害。人們常說，一瓶對的香水宛如靈魂的延伸、性格的投射。我們總希望能找到如此萬中選一的味道，但又常常被品牌、名聲，甚至香水瓶的設計攪亂思緒。因此，最終常常以「匆匆離去」或「匆匆付錢」了結。其實挑選香水正如同挑選情人，相容性遠比初次相遇時的意亂情迷更加重要，所以我們一定要具備無比的耐性。將喜歡的香水噴灑在手腕上，然後從容離去。香水與我們皮膚接觸後起的化學作用，以及那些所謂的前、中、後味，就如同情人的內在與個性，需要時間去探索。英國人常常說，切莫以封面去評斷一本書。這句話用在挑選一瓶香水不也非常適合？

香水、古龍水與鬍後水有什麼不同？

它們最大的不同主要是在於濃度。古龍水（Eau de Cologne）大概含有6%的香精，可以是酒精基底或精油基底。Eau de Toilette香水含有大約8%～12%的香精；Eau de Parfum香水含有大約10%～15%的香精；Parfum香水含有約15%～18%的香精。

Bailey帽子；Balenciaga上衣。

鬍後水（aftershave）一詞常被年輕人拿來與古龍水或香水混用。就其目的上來說，鬍後水與古龍水是不一樣的。鬍後水是在男士們刮完鬍子後噴灑、拍打在該處的產品，有時候會具有抗發炎的功能，其形態可以是乳狀、膏狀、膠狀或液體。由於大部分的鬍後水也會添加香精，且許多廠商鼓勵男士們將鬍後水拿來當古龍水用，以增加消耗量，因此逐漸被人們混淆。鬍後水通常含有較少的酒精，以避免太過刺激皮膚。

濃度越高，香味停留時間也越長？

濃度與香味的持久度並不是必然的。有時候，因為素材本身的味道很淡，所以會刻意將香水的濃度調高。但notes的多寡與香味的持久度確實有正相關。Notes是一款香水在使用後能夠給人們感覺出來的味道。最簡單的概念便是每款香水都會有基本的前味（top notes）、中味（mid notes），以及後味（base notes）。一個notes越多、配方越複雜的香水，其香味的持久度也會比較高。

襯衫、領巾、皮帶、手環、長褲，皆來自
Saint Laurent Paris。

嗅覺記憶的強度不
亞於視覺，它是美好
的第一印象中不可或
缺的一環。

PERFUME
&
MEN'S
GROOMING

男性香水，還是中性香水？

很多女士宣稱自己喜愛使用男人的香水。這聽起來的確很性感。但其中的誤會是，並沒有什麼香水是只有男士可以用，或是只有女士可以用的。認為男性應該趨避某些味道，就如同堅持所有的男嬰都該穿上全套的藍色寶寶裝、使用有藍色蓋子的奶瓶，而女嬰都該使用粉紅色的物品一樣毫無道理。如果你喜歡，你可以噴上任何一種香味──水果味、花香、木質、麝香、安息香，或是海洋的味道。

事實上，現在市面上所宣稱設計給男人的香水當中，也宛如一道完整的光譜，你可以找到濃郁、帶有菸草或皮革味道的Tom Ford Tuscan Leather香水（讓人聯想到兒時坐在爸爸的新轎車裡的氣味），也可以找到像Jean Paul Gaudier的經典之作──Le Male這樣充滿粉味的香水。

帶有顏色的香水是否會在衣服上留下痕跡？

幾乎沒有香水在未經加工的狀況下是透明無色的。在自然的狀況下都會帶點顏色。如果是鮮豔的藍色、紫色、粉紅色等，幾乎都是經過染色。染料有可能是天然的，也有可能是合成的。但無論成分為何，當噴灑的量夠多時，是會在衣服上留下痕跡的。事實上，香水本來就不該噴灑在衣服上，因為香水應隨著體溫自然揮發才能達到最佳效果。

Kent & Curwen皮革外套；
高領毛衣、燈心絨長褲、太陽
眼鏡，皆來自Tom Ford。

Balenciaga 黑色T恤∵Jean and Carlos皮衣∵Ann Demeulemeester 褲子。

香水究竟應該噴灑在哪裡呢？

香水應該噴在皮膚比較薄且有許多微血管流過的地方。像是耳朵下方的脖子處、手腕處，以及肘窩處。

讓Penhaligon's的香水專家為你找到屬於你的味道

來到了倫敦，千萬別錯過了英國最古老的香水鋪之一Penhaligon's。Penhaligon's在維多利亞女王時期便已成立，最初是由創立者威廉‧潘海利根（William Penhaligon）在哲明街上經營的理髮鋪，兼營香水的生意。由於潘海利根對調製香味充滿天賦，且社交手腕高超，Penhaligon's很快就成為皇室指定理髮店與御用香水店。目前已不再提供理髮服務，但香水生意遍及全球。現在仍持有愛丁堡公爵菲利普親王（HRH The Duke of Edinburgh）及威爾斯親王查爾斯王子兩項皇室認證。

Penhaligon's在每一間店都會提供一對一的香水諮詢服務，幫助顧客找到最適合自己的香味。在位於伯靈頓拱廊裡的Penhaligon's旗艦店裡，沿著古老的迴旋樓梯走上二樓的神祕空間。在骨董櫥櫃、路易十五的天鵝絨扶手椅，以及Penhaligon's創始人潘海利根的巨大畫像的環繞下，一個關於嗅覺的奇幻旅程便由此展開。

香水應該噴在皮膚比較薄且有許多微血管流過的地方。像是耳朵下方的脖子處、手腕處，以及肘窩處。

Burberry高領毛衣；Tom Ford口袋方巾；
Hackett獵裝外套；Dolce & Gabbana牛仔
褲；Rolex手錶。

首先，香水專家會為你簡述Penhaligon's的歷史，以及關於香水的各種基本知識。接下來，他便會向你提出一連串的問題，諸如「你喜歡白天，還是黑夜」、「喜歡帶點苦澀的紅酒，還是清新的白酒」、「喜歡戶外活動，還是在室內閱讀一本書」、「在人群中喜歡引發眾人注目，抑或藏身角落」等等。藉由二十幾道鉅細靡遺的問題，香水專家已在心中勾勒出一張屬於你的嗅覺圖譜。這時，他會由三十七瓶現有的香水中，挑選出十瓶香水。在你嗅聞這十瓶香水的過程中，他會仔細觀察你的反應，選出四瓶香水。最後將這四瓶香水分別噴灑在你的左、右手腕，以及肘窩，然後靜待一段時間。

在品評香水的整個過程中，你都不會看到香水的包裝與瓶子。這是為了讓已經習慣由視覺主導一切的你，第一次讓鼻子奪回選擇香味的主導權。數分鐘後，你仔細嗅聞這四個香味，選出你最喜歡的那一款香水。終於，你找到了屬於你的味道！此時，你也將同時領悟到，屬於你的味道其實與你每日的生活作息、興趣、嗜好等息息相關。甚至，有時候它的線索早已深植於你的記憶之中。

在倫敦尋訪香水中的傳奇

Penhaligon's

✉ 16-17 Burlington Arcade, London, W1J OPL
☎ +44 (0) 20 7629 1416
✉ 41 Wellington Street, London, WC2E 7BN
☎ +44 (0) 207 836 2150

倫敦首屈一指的香水製造商，擅長以氣味來說故事。在此，特別向各位男士推薦Juniper Sling。一九二〇年代的倫敦究竟長什麼樣子呢？喝下這杯由Penhaligon's為您獻上的「杜松子特調」（Juniper Sling），便會馬上落入時空漩渦。以倫敦乾琴酒（London dry gin）為靈感所創作出來的Juniper Sling，藉由杜松子、當歸的微微苦澀，以及淡淡的白麝香，勾勒出二〇年代濕氣微微壟罩的倫敦清晨。閉上眼睛，彷彿便可回到那個無憂無慮、有著跳不完的舞會、開不完的派對的爵士年代。

Floris

✉ 89 Jermyn Street, London, SW1Y 6JH
☎ +44 (0) 20 7930 2885

Floris創立於英國國王喬治二世（George II of Great Britain）在位時的一七三〇年，是全世界最古老的香水製造家族。於一八二〇年時獲得喬治四世（George IV）授予的皇室認證，自此之後，便陸續獲得歷代君王的青睞，至今仍是皇室盥洗用品供應商之一。Floris目前由家族第八代繼承人經營。
以下兩款香水是令Floris最聲名大噪的經典之作，有機會不妨一試：

‧No.89：八十九號正好是Floris的店鋪於一七三〇年時在哲明街開業時的門牌號碼，歷經了逾兩百八十年，Floris至今仍在此處營業。這款香水是龐德的原創作者伊恩‧佛萊明的最愛，因而聲名大噪。
‧Lily of the Valley：於一七六五年所調製的香水，配方近兩百五十年來從未改變！是目前店內配方最古老的一款香水。打開瓶蓋、輕壓幫浦，令香味瀰漫空氣中時，你仍無法置信自己正置身來自十八世紀的古老芬芳中。

Illuminum

✉ 41-42 Dover Street, London, W1S 4NW
☎ +44 (0) 20 7018 2000

自二〇一一年第一次推出一系列的香水之後，便獲得廣泛香水愛好者的喜愛。原料於世界各地取材，特色是所有的香水皆為精油基底，揮發速度比較慢，香味更加持久。一定不可錯過的香水是清新中帶有微微辛辣氣味的Pepper Leather，以及散發著濃郁果香與茶香的Tropical Black Tea。

Union Fragrance

🖚 Selfridges, 400 Oxford Street, London, W1A 1AB

✆ +44 (0) 800 123 400

從瓶身的米字旗設計,即可看出這一系列香水與大不列顛的深厚關係。所有的香水素材皆取自於英國本土豐沛的天然資源,包含來自北方高地斯霈河畔(River Spey)的聖薊、英格蘭西南部格羅斯特郡(Gloucestershire)的鼠尾草、蘇格蘭亞伯丁郡(Aberdeenshire)的松針與膠冷杉等。此外,所有的香水也皆於英國製造。此系列的四瓶香水宛如對大不列顛地大物博的禮讚!

Nasomatto

🖚 Selfridges, 400 Oxford Street, London, W1A 1AB

✆ +44 (0) 800 123 400

🖚 Harrods, 87-135 Brompton Road, SW1X 7XL, London

由義大利籍的調香大師亞歷山卓‧瓜爾蒂耶里(Alessandro Gualtieri)於阿姆斯特丹所成立的香水品牌,並於二〇〇八年推出第一瓶香水。與現今多數香水品牌動輒花費大筆廣告費來宣揚產品,Nasomatto無疑是其中一個低調的異數。但當你扭開瓶蓋、輕輕壓下幫浦,我們就會對它全面改觀!僅僅30ml的瓶中物,散發著令人無法忽視的獨特芬芳。彷彿墨汁般的Black Afgano,沉靜中帶有苦澀;深褐色的Duro,像是帶有草根氣味的威士忌;透明清澈的Silver Musk,溫潤清新;檸檬黃般亮麗的Absinth,其中必定含有嗆辣的辛香種子;而呈現粉紅色的Narcotic V,則是表裡如一地飄散著夢幻般的花香。

其實這些瓶中裝載的少少液體不是別的,正是甜酸苦辣的人生。

男士盥洗

香水是男士盥洗（men's grooming）中重要的一環，但男士盥洗的範疇卻不僅限於此。位於皮克迪里附近的哲明街，其歷史可以追溯至三百年前。此處以製作男士襯衫、鞋子、帽子、香水，以及其他的盥洗用品而聞名。男性的盥洗用具，除了消耗性產品，如各種洗滌皂、洗滌乳、刮鬍膏之外，也包含刮鬍刀、刮鬍刷、玳瑁製的梳子、立鏡等。前述知名的香水製造商Floris與Penhaligon's皆於此處發跡。只是經過二次世界大戰的砲火襲擊，許多店都已遷至他處。

八小時油頭

為了不讓兩側的頭髮狂飆，以及頭頂上方的髮絲任性隨風飛舞，抹上大量的髮膠是必要的。剛剛塑形完畢的油頭看起來有條不紊，但總有些死板。抹好了頭髮，便一如往常地出門工作去。一路上風吹日曬，地鐵門開啟又關閉的瞬間所送出的氣流，以及對著上司點頭如搗蒜地搖頭晃腦著，終於在八個小時後，糾結的髮束已慢慢鬆開，但一切仍在控制之中。此刻，距離下班後的晚餐約會只剩半個小時，我們終於可以宣告：髮型臻至完美！這樣的情結是否與法國男人崇尚的「三日鬍渣」（la barbe de 3 jours）有異曲同工之妙呢？自然一點總是好的。

探詢倫敦紳士們
盥洗包裡的祕密

Dr. Harris & Co.

✉ 35 Bury Street, London, SW1Y 6AY
☎ +44 (0) 20 7930 3915
✉ 52 Piccadilly, London, W1J 0DX
☎ +44 (0) 20 7930 3915

於十八世紀末期在哲明街十一號成立，以販售古龍水、香水起家，後擴展至全系列的男性盥洗用品。目前持有兩項皇家認證。

Taylor of Old Bond Street

✉ 74 Jermyn Street, St James's, London, SW1Y 6NP
☎ +44 (0) 20 7930 5544

於一八五四年成立。最初成立於龐德街，後遷至哲明街。店內有關男士盥洗的商品琳瑯滿目，應有盡有。同時，也有專業人員提供理髮服務。剪髮一次三十八英鎊，傳統剃鬍服務三十六英鎊。

Geo. F. Trumper

✉ 9 Curzon Street, Mayfair, London, W1J 5HQ
☎ +44 (0) 20 7499 1850
✉ 1 Duke of York Street, St. James, London, SW1Y 6JP
☎ +44 (0) 20 7734 6553

始自一八七五年的香水、男士理髮與盥洗用品製造商。最早的商店位於梅菲爾區，在二十世紀中葉在哲明街附近的約克公爵街（Duke of York Street）開設第二家店。除了店家特調的香水、鬍鬚水、刮鬍膏等商品外，也販售帶有流蘇幫浦的古典空香水瓶。

打造一頭英倫紳士的
迷人髮型

Alfred Dunhill 理髮店

✉ Davics Street, Mayfair, London, W1K 3DJ
☎ +44 (0) 20 7853 4440

登喜路（Alfred Dunhill）在十九世紀末繼承了父親的馬具店，接著又拓展至轎車配件、菸草與菸具、西裝成衣、皮件等領域。無論營業項目如何擴展，唯一不變的就是打點倫敦男士們一身行頭的初衷。因此，來到倫敦，怎麼可以錯過這個老字號的紳士理髮廳呢？剪髮一次約五十英鎊起。

Murdock 理髮店

✉ 18 Monmouth Street, Covent Garden, London, WC2H 9HB
☎ +44 (0) 20 3393 7946
✉ Liberty, 210-220 Regent St, London, W1B 5AH
☎ +44 (0) 20 3393 7946

興起於東倫敦的高級男士理髮，矢志回復維多利亞時代紳士理容盥洗的榮景。除了理髮店，也發展出一系列的男士盥洗商品。剪髮一次四十五英鎊起。

Ted Baker 理髮店

✉ 33 Great Queen Street, Covent Garden, WC2B 5AA
☎ +44 (0) 20 7242 4070
✉ 5 Avery Row, Mayfair, W1K 4AL
☎ +44 (0) 20 7629 3519

以印花襯衫與中價位成衣走紅倫敦的Ted Baker，是許多年輕人出社會第一套西裝的首選。現在Ted Baker遍布全倫敦的七間理髮店，將一同肩負起讓倫敦年輕人們從頭有型到腳的任務！剪髮一次二十八‧五英鎊起。

Adrian Barbu

—— Tom Ford 視覺商品陳列師

Q 請問你在倫敦住了多久？

A 我在倫敦住了八年，之前住在羅馬尼亞。

Q 倫敦何處擁有最美的景色？

A 對我來說，從騎士橋（Knightsbridge）至斯隆廣場（Sloan Square）之間的斯隆街（Sloan Street）是倫敦最美的一條路。而斯隆廣場附近的國王路，以及新國王路（New Kings Road）一帶，也是我最常流連忘返的一帶。這裡除了有很多時裝店之外，還有很多傢俱店、骨董店、飾品店等，走一圈下來是視覺上的一大享受！

Q 對你來說，一個當代男人的衣櫃裡，絕對要有的三個單品是什麼呢？

A 一雙黑色的雀爾喜短靴，無論正式或休閒的場合都可以派上用場。一件黑色的皮夾克，以及一件印花襯衫。

Q 在夏季與冬季時，你最常穿的分別是什麼呢？

A 我的穿著風格比較偏向經典的款式，所以即便是休閒時，我也不會穿著運動鞋到處走。夏天時，我會穿上亞麻或棉質的長袖襯衫、卡其色的窄管休閒褲、麂皮的便鞋（espadrille），然後再配上一副太陽眼鏡。冬天時，我會穿上一件高領針織衫、一件皮夾克、一件羊毛長褲，再配上一雙雀爾喜短靴。

Q 可否描述一下你的衣櫃？

A 我最自豪的是，我有一個步入式衣櫃（walk-in-wardrobe）。衣櫃裡有我多年來的收藏，風格非常多元，但又可以互相搭配。我有非常瘋狂的單品，像是飾有鉚釘的鞋子，或是有蛇皮印花的襯衫；也有中規中矩、非常經典的款式。

Q 如果有一個男士想重新打造屬於他的衣櫃，你建議應該從何開始？

A 相較於女性時裝，男裝的潮流演進相對緩慢。重要的款式、服裝中的細節幾乎都不曾改變，改變的只有整體的輪廓，像是西裝外套從長到短，或是褲子由寬到窄等。因此，若想要打造一個嶄新的衣櫃，首先一定要投資幾件基本的款式、百搭的顏色。了解自己的風格、對自己的穿著更具信心以後，再開始購買一些大膽的顏色或款式。

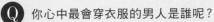

Q 你心中最會穿衣服的男人是誰呢？

A 我心中並沒有所謂最會穿衣服的男人。路上的行人、地鐵裡的乘客、雜誌上的模特兒，或是社群媒體上的照片等，都常常會令我眼睛一亮。

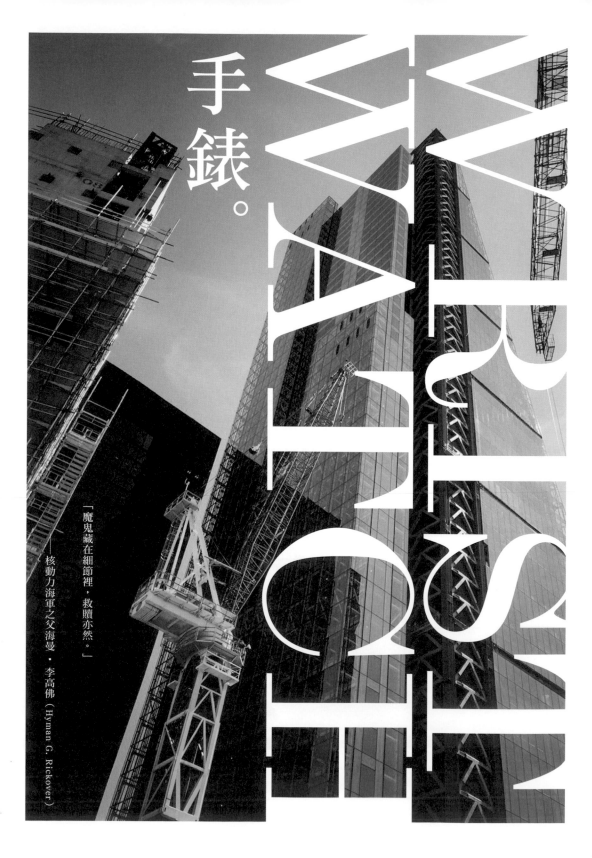

WRISTWATCH

手錶。

「魔鬼藏在細節裡，救贖亦然。」

——核動力海軍之父海曼・李高佛（Hyman G. Rickover）

當我們枯坐一個下午，望著電腦螢幕一籌莫展時，它在那裡。當我們端起酒杯，興高采烈地高談闊論時，它在那裡。無論是在三萬英呎的高空之上，還是在海平面下的珊瑚礁群之間；獨自一人，抑或與朋友相伴；它在那裡，永遠都在。以微小但規律的「答、答、答、答」聲音暗示我們它的存在。當然，我們又曾幾何時遺忘了它呢？小小的金屬殼子裡裝載的是一百七十五年的工藝傳承，一百五十道精密零件的相容及運轉，展現了機械學發展的光輝與成就；面盤上的星辰起落、月相盈虧，復刻了一個世紀前的浪漫情懷。而這些在手腕上引人入勝的風景，皆是歷來所有無名的金匠、珠寶匠、天文學家、數學家、物理學家與琺瑯畫師們一起施展的小小奇蹟。

它是一個期待、一個故事、一枚徽章、一個里程碑、一個標註著生命裡某個階段的結束或開始的美好紀念。而總是沉甸甸的左手，則是一道溫柔的提醒，提醒著我們過去的時光一去不返，只能追憶；今日的時光稍縱即逝，切勿虛擲；未來的時光神祕莫測，充滿未知，但請鼓起勇氣，不須遲疑，大步前進！

一個紳士需要什麼？一套好西裝、一雙好鞋，以及一塊好的腕錶！

襯衫、西裝、領帶，皆來自Jaeger；Tom Ford口袋方巾；
Rolex手錶；Jodhpur訂製手提袋。

關於鐘錶的五個疑問
——向倫敦鐘錶界傳奇人物馬克·圖爾森[註]請益

是什麼決定了手錶的價值?

首先,手錶最基本的價值建立在其材質之上。所以,如果一隻手錶是由稀有金屬製作、鑲嵌有鑽石等,這絕對會影響到手錶的成本與價值。此外,除了手錶的外觀之外,精密的內部構造及機芯也會增加其價值。複雜的機芯,像是陀飛輪(tourbillions)或三問報時(minute repeaters)等,都是機械工藝的奇蹟,需要許多經驗豐富的工匠花費非常多的時間來打造,這些自然也會反映在價格上。最後,稀有性也是一個關鍵。例如有些品牌會特別推出一百隻限量款的手錶,有時候是有特殊的錶盤,有些會增加一點附加的功能等,這些手錶的價格自然又會比平常的高一點。又或者如果一隻手錶的編號具有特殊的涵義,像是一、一○○,或是所謂的「幸運數字」七或八,往往也可以賣到一個更好的價錢。

談到手錶,不得不談到品牌。品牌無疑是許多人決定購買一隻手錶與否的重要原因。是什麼決定了一個品牌的價值?

註/Mark Toulson,Watches of Switzerland採購部總裁。

產品品質與品牌聲望決定了一個品牌的價值。那些最有價值的品牌往往都擁有漫長的製錶歷史。像是江詩丹頓（Vacheron Constantin），從一七七五年就開始了它的傳奇，百達翡麗（Patek Philippe）在二〇一四年剛慶祝完品牌創立一百七十五年，積家（Jaeger-LeCoultre）也是於一八八三年創立的。這些歷史與在歷史中汲取的經驗是這些品牌無形的資產，同時也為他們提供更多的附加價值。

許多人將購買手錶視為一種投資，這種觀念是否正確？
此外，什麼樣的手錶才算是好的投資標的呢？

並非所有的手錶都可以視為投資。首先，你要注意的是一隻手錶的製造地。瑞士製造的手錶通常獲得比較高的評價，是某種品質的保證。雖然瑞士製造的手錶通常都很好，不過仍然只有某一些特定的品牌與型號才有辦法「保值」，或甚至「增值」。以百達翡麗為例，其品牌有一隻一九三三年製造的超精密錶款Graves，在一九九九年的拍賣會上賣出了一千一百萬美金的天價，並刷新了世界紀錄。這隻Graves的成功幾乎為整個品牌創造了一種光環效應，無形之中令許多百達翡麗的擁有者對他們手腕上的手錶價格有更高的期待。百達翡麗是非常頂級的品牌，但事實上，拍賣會上所創的世界紀錄只為其品牌下的某幾款錶提升了價值，並不是每一款。

複雜的機芯也可以為一隻手錶增添其投資價值。例如，陀飛輪是由亞伯拉罕·路易·寶璣（Abraham Louis Breguet）所發明的，因此寶璣（Breguet）所生產的陀飛輪錶具有很高的象徵性意義，具有很好的投資價值。又例如百達翡麗的三問報時錶在業界享有極高的聲譽，因此擁有該機芯的錶也有很好的增值空間。此道理也同樣可以運用在

風衣、襯衫、皮帶，皆來自COS；Reiss長褲；Rotary手錶。

真力時（Zenith）的EL Primero Chronograph機芯上（一款耗費七年時間設計出來的機芯，目前仍是世界上最精準的計秒錶系列之一）。此外，有一些非常卓越的錶廠，例如F. P. Journe或朗格（Lange & Söhne），因為規模較小，產量很少，因此也具有增值空間。

處於現在這樣低利率的年代，或許買一隻手錶是一個不錯的選擇，因為你可能可以獲得比傳統投資標的更好的利潤。至於要瞄準哪些品牌、哪些錶種，蘇富比（Sotheby's）和佳士得（Christie's）每年在日內瓦與倫敦舉行的拍賣，對投資客來說會是很好的風向球。

機械錶是否優於石英錶？

這個問題沒有標準答案，因為答案將隨著每個人的主觀認定不同而改變。石英錶準確得驚人、強韌、需要最少量的照顧，並且可以提供絕佳的功能，諸如指南針、溫度計、碼表、鬧鈴、多重時區的時間等等。在很多情況下，它們的價格也是非常誘人的。機械錶則擁有全然不同的優點。如果是一款最基本的機芯，價格未必一定很高，但隨著機芯複雜程度的提升，價格便一路上漲。對我來說，機械錶與石英錶各有所長，沒有誰優於誰的道理。機械錶挺過了一九七〇年代早期的「石英錶危機」，並且成功創造了一個讓能夠欣賞複雜機芯之美的鑑賞家們趨之若鶩的市場。這完全是個人的選擇。但高階的手錶幾乎都是機械錶，並且絕大部分的價值皆建立在機芯之上，這便是石英錶望塵莫及的地方。

AllSaintsT恤；H&M牛仔褲；vintage太陽眼鏡；Dolce & Gabbana手錶。

自動上鍊是否優於手動上鍊？

如同上一個問題，這也沒有標準答案，一切皆
在於個人偏好。手動上鍊的手錶很純粹地表達
了製錶工藝的本質，而且通常能製作出更薄的
款式。像是伯爵（Piaget）就以生產手動上鍊的
手錶而聞名，其生產的最新型號900P，甚至只
有三·六五公釐厚而已！此外，鏤空手錶通常也
傾向於使用手動上鍊，否則自動上鍊的自動盤
（rotor）會遮蔽了美麗的機芯。至於自動上鍊的
好處正如其名：當你戴著手錶時，你的一舉一動
都能幫手錶上好發條。勞力士（Rolex）給這種為
配戴者無形之中打理好一切、常保時間準確的
機芯一個美麗的名字──永恆（perpetual）。

鐘錶是機械工藝的傳承與創新

無論是日晷、沙漏，還是水鐘，不管原理是影子
的移動、地心引力、鐘擺、機械，還是電力，人
們對於計時器的需求自古至今都未曾改變。而
一九七〇年代的「石英危機」，則讓我們真正意
識到計算時間的精準度，已經不是人們購買手
錶時唯一被考量的要素。計時功能之外的附加
價值，反而才是許多歐洲知名手錶品牌立足的根
基。

襯衫、西裝、領帶、口袋方巾，皆來自Tom Ford。

這些價格不菲的手錶背後代表的不僅僅是歷史上、文化上、美學上的價值傳承，其實在時光的洪流裡，他們都是工藝技術的領先者，同樣也代表著發明與創新的精神。以成立於一七七五年的寶璣為例，它在一八○一年便取得了陀飛輪的專利，為當時的懷錶擺輪受到地心引力影響而減低精準度的問題找出了解決方案，即便在無人使用懷錶的今天，陀飛輪仍然在高階複雜的錶款製作上有著代表性的意義。此外，在一八一○年，寶璣為拿破崙的妹妹，也是當時的拿坡里女王，製作出世界上第一隻戴在手腕上的計時器。而在一八三○年時，寶璣發明了無需鑰匙即可為懷錶上緊發條、設定時間的方法，繼而影響了後來整個手錶的製作歷史。這項創作至今仍是巴黎羅浮宮的展覽項目之一。即便寶璣現在已經是頂級手錶的代名詞，但它對於發明與創作的熱誠仍始終如一。僅僅在二○○二年至二○一三年之間，寶璣就獲得了一百一十一項專利。而它最近對鐘錶界影響最大的發明，則是在二○○六年時找出以矽酮（silicon）取代金屬，製作出游絲（balance spring）與擒縱器（escapement）的方法。以矽酮製作出的零件更輕、更耐用，不易磨損，也不會鏽蝕，同時還能夠對抗行動電話所產生的磁力，讓手錶內部的零組件運作更加順暢。此外，寶璣使用矽酮製作出的游絲振動頻率高達十赫茲（每小時振動達七萬二千次），並未犧牲原先使用金屬製作游絲時所擁有的精準度，因此對鐘錶產業也掀起了很大的影響。

機械錶是否一定優於石英錶？這得看你配戴手錶的出發點為何。石英錶雖然較不具收藏價值，但是價格親民，並且準確得驚人！

襯衫、西裝、領帶,皆來自Jaeger;
Tom Ford口袋方巾;Rolex手錶。

瑞士鐘錶是唯一的選擇？

鐘錶與瑞士這兩個名詞似乎總是形影不離。的確，大部分的知名鐘錶皆來自瑞士。此外，由於瑞士製作鐘錶的歷史悠久、名聲遠播，且擁有豐富的製錶資源（例如瑞士西部的La Chaux-de-Fonds及Vallee de Joux兩個城鎮便聚集許多製錶作坊），因此即便許多非瑞士品牌，像是法國的卡地亞（Cartier），或是義大利的沛納海（Panerai），也會在瑞士製作其手錶。

除了瑞士之外，以格拉蘇蒂（Glashütte）為主的德國製錶工業也非常發達。以此城鎮為搖籃所孕育出來的品牌包括成立於一八四五年的頂級名錶朗格、Mühle Glashütte、Glashütte Original，以及風格極簡俐落的Nomos Glashütte。

至於談到了英國，就一定得提本地的手錶品牌Bremont。相較於其他充滿歷史與故事的歐洲品牌，創立於二〇〇二年的Bremont顯得異常年輕！Bremont的幕後推手是一對兄弟——尼克（Nick English）和賈爾斯（Giles English）。憑藉著對古老飛機及機械工藝的熱愛，他們在品牌成立的五年後正式推出了第一支飛行員手錶系列，加入了歐洲名錶的戰場。所有的對手都身經百戰，並早已名揚天下，但Bremont秉持著對品質的堅持與信心，毫無畏懼地應戰。所有經典款式的錶皆通過COSC（Contrôle Officiel Suisse des Chronomètres，即瑞士精密計時器測試協會）認證，在英國手工組裝完成，並且創新推出三年保固。下次當你來到倫敦時，千萬別忘了到Bremont位於蒙特街的旗艦店裡欣賞一下這些美麗的工藝品。

❶ Breguet錶盤機具。
❷ Cartier Ronde Solo系列。
❸ Breguet Tourbillon Messidor系列。

倫敦名錶賞購天堂

Watch of Switzerland

155 Regent Street, London, W1B 4AD
+44 (0) 20 7534 9810

於二〇一四年七月才開幕的Watch of Switzerland旗艦店，坐落於倫敦最熱鬧的攝政街上，是目前歐洲最大的名錶展售商場。三層樓的銷售樓面包括了百達翡麗、江詩丹頓、朗格、勞力士、積家、萬國等在內的十二個小型精品店，全店總共販售超過二十個知名品牌。Watch of Switzerland旗艦店已經成為倫敦鐘錶業的地標之一，所有瞄準中階至高階手錶的客人到此皆不會空手而歸！

Marcus

170 New Bond Street, London, W1S 4RB
+44 (0) 20 7290 6500

Marcus的經營者瑪格里斯（Margulies）家族買賣交易瑞士鐘錶的經驗已經超過八十年，與許多鐘錶品牌進入英國的歷史密不可分，同時目前仍然是其中很多品牌在英國的經銷商。店內販售各種設計複雜、造型前衛的手錶品牌，例如Hublot、Franck Muller、Audemars Piguet、MB&F等，是進階鐘錶鑑賞家們必定前來朝聖的地方。

David Duggans

63, Burlington Arcade, London, W1J 0QS
+44 (0) 20 7491 1675

當你有「尋找一支與自己出生年分相同的手錶」這樣浪漫的想法在心中萌芽時，切莫遲疑，請啟程前往位於梅菲爾伯靈頓拱廊的David Duggans吧！David Duggans擁有超過四十年的鐘錶交易經驗，特別是高級二手鐘錶的交易。此外，店內專注於買賣流通性強的名錶，例如百達翡麗、勞力士、卡地亞等。憑藉著多年的經驗與豐富的鐘錶知識，David Duggans已經擁有非常好的商譽與一群忠實的顧客，同時David Duggans也是英國鐘錶研究學院（British Horological Institute）和蘇富比拍賣行的會員。

Kristian Bayliss

—— Selfridges 私人採購經理

Q 請問你在倫敦住了多久？

A 我在倫敦住了三年半，之前住在英格蘭北部。

Q 如果你有一個悠閒的下午，倫敦的哪裡會是你想要消磨時光的地方呢？

A 我喜歡東倫敦，我喜歡那裡自由奔放的氛圍，所以如果在一個閒暇的午後，你可以在東倫敦的某處找到我，例如位於達爾斯頓（Dalston）的Duke's Brew & Que酒吧。它在白天是一個高級英式酒吧，到了晚上便會販售全倫敦最好吃的肋排和漢堡。如果是禮拜六的話，我喜歡流連在市集，百老匯市場（Broadway Market）就是東倫敦一個很酷的市集！此外，靠近泰晤士河畔的芬喬奇街（Fenchurch Street）有一座室內的空中花園，在萬里無雲的日子可以鳥瞰倫敦的景致，也是我常常造訪的地方。

Q 對你來說，哪裡是倫敦最佳的購物地點？

A 我喜歡COS的極簡概念與充滿北歐風味的設計。我總是能在它的店裡找到非常實穿的基本款衣服。此外，我也非常喜歡位於梅菲爾的Dover Street Market。在那裡可以認識很多新銳品牌，也可以看到很多獨立設計師的作品，讓我感受到「時尚」在這個城市裡的脈動與生生不息。

Q 一個當代男人的衣櫃裡，絕對要有的三個單品是什麼呢？

A 如果他是一個典型的英倫紳士，他需要一套海軍藍的法蘭絨西裝、一雙北安普敦製的雕花皮鞋，還有一條Gieves & Hawks的針織領帶。如果他是一個走在潮流尖端的都會男孩，他需要一件短版合身的西裝外套、一雙厚底牛津鞋，還有一件Valentino的羊毛蠶絲混紡T-shirt。

Q 在夏季與冬季時，你最常穿的分別是什麼呢？

A 在夏天時，我常穿著亞麻襯衫、卡其色的亞麻西裝，敞開襯衫領口，不須穿襪子，然後套上一雙咖啡色的樂福鞋。至於冬天時，我會穿上黑色襯衫、一套深灰色的厚織毛料西裝、一件長至小腿肚的黑色大衣，然後搭配聖羅蘭的黑色短靴。

Q 一個對男裝與潮流並不熟悉的男士，應該如何培養出屬於自己的時尚自覺？

A 首先，應該要先忽略流行的更迭，著重在經典款式的投資。在西裝、大衣、針織衫、鞋子等每一個領域裡，分別購買了一兩件品質優良、剪裁合身的單品，然後以此為基礎，再慢慢追求每一季的變化。

Q 為何時尚對於男士們越來越重要？

A 這十年是男性時尚蓬勃發展的黃金年代，直到今天仍在持續。在這十年中，「男子氣概」一詞有了新的定義，男士們不再需要恐懼把心思花在衣服、頭髮、皮膚等將會被貼上有負面意涵的標籤。從一個更積極的角度來說，完美的打扮可以塑造更好的第一印象，而第一印象只有一次，這就是時尚對於男士們的重要所在！

Q 可以形容一下你的衣櫃嗎？

A 儘管我必須說，我的衣櫃已經滿大的，但它是個永遠「未完、待續」的衣櫃。我對於顏色的選擇略顯保守，但對於不同的材質卻有一種狂熱。所以同樣是黑色的衣服，只要材質不同，我都還是會不停購買。

Q 可以介紹一下你今天的穿著嗎？

A 淡藍色休閒襯衫，購自COS；海軍藍西裝外套，購自The Kooples；深藍色窄版九分褲，購自Jil Sander；深藍色雕花德比鞋，購自Marcus De；灰色大衣是朋友特別為我量身訂做的。

跟著倫敦人的腳步前進。

FOLLOW LONDONERS

「很顯然地，那些曾說過金錢不能買到快樂的人不知道該去哪裡購物。」

——演員寶·黛麗（Bo Derek）

如果我們相信瓶身會影響人們對香水的第一印象，擺盤能左右人們感受一道菜餚的美味程度，那麼一間店鋪的裝潢、燈光明暗、商品的陳列方式，甚至於衣架的材質，皆會改變我們對於架上衣服的評價。我們不只是購物，我們走訪一間又一間的店鋪，感受室內設計師、視覺商品陳列師、採買者及造型師們為店鋪與衣服重新注入的靈魂。當我們推開某一扇門時，所有感官已全部甦醒。空氣中懸浮著的是皮革傢俱的味道，或是角落的擴香枝條散發的香精氣味？耳畔傳來的是八〇年代的懷舊歌曲，或是迷幻的電子音樂？鞋子踏上的是會鏗鏘作響的大理石地板，抑或柔軟的地毯？我們讓手指輕觸架子上的每一件衣服，盡情感受不同材質所帶來的不同觸感。其實我們也沒有要特別找什麼，只是隨意看看。我們只是來體驗每一家店不同的氛圍與個性，就像認識圍繞在我們身邊長相、性格迥異的人們一樣。然後我們突然覺得在如此背景下的某一件衣服非常符合我們的格調，某種程度上投射了我們心中的美學素養。所以我們決定觸摸它、試穿它、擁有它。

如此的情節每年總會發作幾次，就像流行性感冒一樣。我們可以置之不理，它最終也會消失，然後於三個月後又捲土重來。但更多時候，我們選擇回應、屈服，而事後又常常懊悔不已。然而，看著衣櫃裡吊著越來越多的戰利品，我們卻又矛盾地感到無比滿足！就這樣，或許我們永遠無法停止逛街與購物。

值得探訪的時尚殿堂

Vertice：前衛、私人的神祕旅行

☞ 16 South Molton Street, London, W1K 5QS
✆ +44 (0) 20 7408 2031

或許是時裝業資本市場的重新整合，抑或是全球化的影響，你是否常常覺得走遍許多購物商城、百貨公司，不論是國內或國外，品牌總是大同小異。如果我們可以簡單稱這種現象為「集體主義」，那麼位於倫敦梅菲爾區的Vertice絕對是個異數。

開設於一九九一年的Vertice矢志走一條不同的路，卻仍然有本事在競爭最激烈的西倫敦屹立不搖超過二十年。該店主人的經營理念是仿效五十年前或一百年前的精品店經營者：旅行世界各地，發掘能令自己眼睛一亮的產品，並打造出一個獨一無二的店面。遵循著這個想法，店主一年有泰半時間都在世界各地旅行，確保商品保有獨特性，能夠實現老闆心中的美學價值，並且在實穿性與設計感、商業與個人偏好中取得一個平衡點。

現在的Vertice是倫敦非常具有指標性的男裝店，同時也是所有追逐「闇黑哥德」風格的男士們不會錯過的店家。店內販售超過三十個來自各大洲的設計師品牌，其中許多在英國都是獨家販售，不論在風格或數量上都非常稀有。

Laird紳士帽；Celine太陽眼鏡；訂製大衣；襯衫、牛仔褲，皆來自April 77；開襟毛衣、皮帶，皆來自Saint Laurent Paris。

Paul Smith歐洲旗艦店：不只是時裝，是藝術！

9 Albemarle Street, London, W1S 4HH
+44 (0) 20 7493 4565

來到倫敦，一定要造訪的店鋪之一，便是位於梅菲爾區Paul Smith旗艦店。除了因為Paul Smith是英國當代最具有代表性的設計師品牌，更是因為這個號稱「歐洲旗艦店」的空間，絕對能夠顛覆你對於一個品牌專賣店的想像。

該店原址為Paul Smith傢俱店，經過一連串的擴建與翻修後，於二○一三年八月重新問世。如同設計師保羅‧史密斯（Paul Smith）幽默詼諧的設計理念，歐洲旗艦店也延續了充滿趣味、創造驚奇的風格。除了一個位於地下室的空間之外，整個一樓平面被劃分為六個彼此獨立又互相連結的空間。

推開大門，首先映入眼簾的是一張矗立在主室中央，以兩百二十五年的橡木製作而成的巨大桌子。由金屬製作的基底則為整個室內陳設增添了當代的元素。主室裡除了衣服外，牆壁上也陳列了許多畫作。桌面上除了擺放著摺疊整齊的針織衫與襯衫外，還有許多帶有現代藝術風味的雕塑。當你讚嘆著原來讓充滿商業考量的服裝與藝術品共處一室竟也毫無違和感時，請留意，這些擺放在此的藝術品皆只是這個空間裡的過客，它們每六到八個禮拜會被更新一次。

靠牆的透明櫥櫃裡整齊擺放著許多小飾品。但或許你不知道的是，它們當中有的是Paul Smith的產品，有的是保羅‧史密斯本人或買手從世界各地蒐集而來的古董。於是你可能會發現當季的Paul Smith袖釦與一九二○年代來自美國的古董手鍊比鄰而居。在這小小的櫥櫃裡，品牌的界線已逐漸模糊。

此外，還有由兩萬六千張骨牌打造而成的「骨牌室」（domino room），連結男裝與女裝部門、純白昶亮的光廊（white channel），以及被英國當代藝術家班・尼科爾森（Ben Nicholson）所啟發設計而成的女裝室。整個Paul Smith旗艦店的室內設計本身也非常值得一訪。

室內四處可見古董櫥櫃、桌椅、傢飾品，以及由保羅・史密斯親自設計的布料所包覆的古董沙發椅。在這間店裡，你所看到的任何東西，從衣服、傢俱到畫作等，都在販售中，詢問店員便可得知標價。即便是在此臨時展出的藝術品，店員也可以幫忙聯繫相關的藝廊。

在Paul Smith的男裝方面，店內除了擁有倫敦最齊全的產品之外，也獨家販售P.B.S這個新支線。P.B.S是由保羅・史密斯親自設計的系列，並自二〇一四年五月開始販售第一季的作品。

耳畔傳來的是八〇年代的懷舊歌曲，抑或是迷幻的電子音樂？鞋子踏上的是會鏗鏘作響的大理石地板，還是柔軟的地毯？購物經驗不只是建築在視覺上的。

Matches Fashion：四間分店打點倫敦男士們的衣櫃

☞ 87 Marylebone High Street, London, W1U 4QU
✆ +44 (0) 20 7487 5400
☞ 60-64 Ledbury Road, Notting Hill, London, W11 2AJ
✆ +44 (0) 20 7221 0255
☞ 23 Welbeck Street, London, W1G 8EG
✆ +44 (0) 33 3321 2170（私人採購，須事先預約）

成立超過二十五年的Matches Fashion，無疑是倫敦最具影響力的時裝精品店之一。擁有位於溫布敦（Wimbledon）、里奇蒙德（Richmond）、梅里本（Marylebone High Street）、諾丁丘（Notting Hill）四間實體店面，販售超過四百個設計師品牌，以及直達一百九十個國家的網路商店，Matches Fashion提供了最尖端的潮流情報與最多元的商品選擇。

最特別的是，每一間店皆會因為所在區域與主流客群的不同，而呈現出截然不同的風格。若以位於倫敦第一區的梅里本與諾丁丘兩間店為例，光在店裡走一圈，便可以清楚地感受出兩間店鋪在服裝採購上的差異。梅里本分店是Matches Fashion在地理位置上最中心的店鋪，它提供給客戶的是從最當代、最摩登的品牌，例如Ami、Public School、Tim Coppens等，到非常經典的品牌，例如Saint Laurent Paris、Givenchy等。而位於西倫敦的諾丁丘分店，則專注於銷售揚名國際的傳統大牌，例如Bottega Veneta、Balenciaga與Valentino。

喝什麼啤酒最有男子氣概？Kronenbourg。

對於不想要奔波於四家店鋪的客人，以及需要專業建議的男士們，Matches Fashion也提供了私人採購（private shopping）的服務。私人採購服務位於梅菲爾區的一棟裝潢高貴典雅、座擁六個房間的隱蔽大樓內。所有的服務皆須事先預約，但是完全免費。造型師會根據客戶的尺寸、品味與需求，事先準備好從各個分店調來的服裝，而客戶僅須在預定的時間內出現，便可以在專屬的空間裡，伴隨著香檳、食物，以及造型師的專業意見，慢慢挑選出最適合自己的衣服。此外，私人採購中心還附設有專業裁縫師，隨時準備為客戶提供衣物修改。

Fortnum & Mason：隱身觀光景點的男裝桃花源

181 Piccadilly, London, W1A 1ER
+44 (0) 20 7734 8040

你可能已經從旅遊書上得知這間位於皮克迪里上有三百多年歷史的店鋪，是專為英國皇室提供茶葉與點心的供應商，也是所有想要購買紀念品的旅客們必會造訪之處。但你可能不知道，位於三樓的男士配件部值得一訪的程度並不亞於茶葉部門。

沿著鋪著暗紅色地毯的階梯拾級而上至三樓，面對的是一個完全不同的空間。有別於樓下人聲鼎沸、推來擠去、搶購茶葉與甜點的景象，這裡通常非常安靜。沉穩舒適的氛圍，有如一個紳士的書房。在這裡你可以找到如下物品：帽子、圍巾、領帶、袖釦、襪子、古龍水、原木打造且鑲有珠母的雪茄盒、被牛皮包覆的威士忌隨身瓶、紳士的手杖與長傘、各類皮件、絲綢睡袍、用皮革袋子精緻裝載的骰子與籌碼套件，以及帶有大航海時代風味的桌上型地球儀。有的東西極具實用價值，有的東西則僅具備觀賞功能。但只要是英國紳士概念狂熱者，絕對會在這裡流連忘返。此外，每周一到五，上午十點到下午六點有提供擦鞋服務，依據不同的需求，索取不同的費用。標準服務僅需四塊英鎊！

（左）Loro Piana西裝；TM Lewin
襯衫；領帶、口袋方巾，皆來自Tom
Ford。（右）襯衫、西裝、領帶，皆來
自Jaeger；Tom Ford口袋方巾。

Topman旗艦店：平價男裝與不平價的私人採購服務

☞ Oxford Circus, London, W1W 8LG
✆ +44 (0) 844 322 1390

連鎖平價服飾店常常為人詬病的一點就是缺乏客戶服務。除了找到適合自己尺寸的衣服要靠自己之外，有時還會見到架上的衣物散落在地無人理會。但這點在位於牛津圓環（Oxford Circus）的Topman恐怕並不成立。

在位於倫敦最熱鬧的牛津圓環旗艦店裡，Topman總共占地約二三三〇平方公尺，平均每周有七萬五千人次的客流量。擁有純正英國血統的Topman，矢志要在倫敦競爭激烈的平價成衣戰場裡為地主隊殺出一條血路。除了每周有超過一百個新產品上架之外，Topman也首度將僅見於高檔百貨公司或精品店的私人採購（personal shopping）服務引入店裡。

私人採購部門於二〇一〇年開始在位於牛津圓環的Topman服務，並且於二〇一四年五月重新開幕。在一陣翻修後，除了樓面積擴大一倍之外，現在的私人採購部門看起來宛如某個紐約雅痞的舒適閣樓。紅磚、現代傢俱、大面的落地窗與自然採光，整個中央倫敦的街景盡收眼底。目前私人採購部門配有五個採購專員、兩名助理與六個寬敞明亮的更衣室。服務採預約制，但沒有額外費用，也未設有最低消費金額。在預約的電話或電子郵件裡，你僅需要告知基本的聯絡方式、預約時間、身高、體重、衣服尺寸、使用場合等等。

目前私人採購提供三種不同的服務：你可以預約三十分鐘的express服務（適用於對自己的需求與風格皆已明瞭的客人），一個小時的edit服務（給那些即將面對特殊場合而感到不知所措的客人，或許是一場婚禮、一個派對，或是一個小島旅行），或是兩個小時的experience服務（針對想要將衣櫃徹頭徹尾來場大改造，或是對時尚一竅不通的人）。附帶一提，當你好整以暇地坐在私人採購部門寬敞舒適的沙發上啜飲著飲料、享受貴賓級的服務時，千萬不要訝異坐在你身旁的可能就是英國最受歡迎的節目《X Factor》的選手們！因為這裡也是這些引領流行的未來偶像們打理自己門面的地方。

除了以上服務之外，Topman還會定期與不同的潮牌合作，讓客戶在Topman自家生產設計的產品之外，還享有其他選擇。店內還設有T-shirt列印中心，讓對衣服花色特別挑剔的客人也能一展設計功力，並且在五分鐘之內印製完畢。此外，Topman的一角座落著最叛逆的理髮鋪Johnny's chop shop，而位於地下室的Topshop樓面則提供刺青與穿環的服務，讓每個走進來的客人能從頭到腳蛻變成最酷的倫敦男孩！

幾乎所有的國際品牌都可以在倫敦被找到，甚至還能發現許多百年來屹立不搖的店家：製鞋店、製帽店、男裝裁縫等，即便只是走在它們所座落的古色古香的街道上，也是一種享受。

Maison Assouline倫敦旗艦店：書香裊繞的浮華世界

196a Piccadilly, London, W1K 4HR
+44 (0) 203 327 9370

精品出版社Assouline成立於二十年前，並以出版一系列大開本精裝版的書而聞名，至今已出版超過一千四百本書，涉獵領域從時裝、設計、藝術，到旅行、生活嗜好、自然科學等。由於這類型的書除了文字之外，還包含了大量漂亮的圖片，並且由於尺寸大、紙張厚、印刷精美，宛如藝術品一般，所以又被稱為coffee table books。Assouline在出版業獲得了很大的成功，並將觸角延伸至玩紙弄墨之外，開始製作少量精美的生活飾品，並在全世界許多城市開了Assouline的概念店。

倫敦的Assouline旗艦店於二〇一四年開幕，座落於人來人往的皮克迪里。推開沉重的木門，在門後等待我們的是一個知性與奢華交織的世界。在書牆環繞之下，還設置一個吧檯與幾張舒適的沙發。此外，店裡也展示了很多古典傢俱與來自世界各國的擺飾，例如在龐大的骨董落地式地球儀，以及遠渡重洋來到英倫的日本武士盔甲。走上二樓，有好幾個展間，常態性地陳列Assouline蒐集來的傢俱與藝術品，並且會在此不定時地與其他機構合作，舉辦展覽。

在此，強烈地建議所有男士們一個度過美好午後的方法：點一杯義式濃縮咖啡（甚至來上一杯華而不實的花式調酒！），然後靜靜地與Assouline為男士們精選的書單為伴。書單內容琳瑯滿目，從探討骨董車、狩獵、手錶、巴拿馬草帽，到義大利品牌Brioni的手工西裝。無論你是好動還是文靜，Assouline絕對可以滿足每一個童心未泯的大男孩。

PICCADIL

「為什麼是倫敦呢？」
因為倫敦是世界上對
當代男裝影響最甚的
城市。

Santa Maria Novella
Est. 1612

NTA MARIA NOVELL

FOLLOW
THE
LONDONERS

拱廊：迴旋歷史的金色隧道

將所有性質類似的店家聚集在同一個屋簷下的概念並非始自百貨公司。距今將近兩百年前，倫敦就已經出現了拱廊（arcade），讓追逐流行與生活品質的紳士名媛們能夠一次逛個過癮。拱廊指的是一條頂部有屋頂罩住的購物走廊，因此不論風雨豔陽，皆不會影響在拱廊上逛街行走的客人。此外，拱廊的屋頂是挑高設計，通常伴有玻璃天花板或是透明光井，因此走起來沒有室內的感覺，常常還可以享受到日照，非常受到歡迎。

現今倫敦市區內僅存的四條拱廊都位於梅菲爾區一帶，從第一條到第四條的步行距離僅在四十分鐘之內。皇家拱廊（Royale Arcade）始自雅寶街（Albemarle Street），終至舊龐德街（Old Bond Street）。兩側商店包括了香水店、專賣中古頂級手錶的專賣店、銀器店，以及包含Paul Smith在內的四家男鞋店。從舊龐德街的出口出來步行約兩分鐘，便來到了最知名的伯靈頓拱廊。伯靈頓拱廊一端的入口在伯靈頓花園（Burlington Garden），另一端在皮克迪里。該拱廊歷史十分悠久，建造於一八一九年，同時也是四條拱廊中最長的一條。拱廊兩側有為數眾多的中古珠寶店（男士們可在此找到絕版的Cartier珠寶袖釦！）、專營二手Rolex與Omega交易的鐘錶店、百年香水老店、鋼筆店、皮件店、手套店、喀什米爾羊毛製品專賣店，還有男鞋店，其中不乏知名的英國品牌，如Crocket & Jones和Church's。從皮克迪里的出口出來，穿越馬路之後，便可找到另外兩條拱廊。王子拱廊的一端在皮克迪里，另一端則止於哲明街。由於這裡已經非常靠近英國紳士們最常光顧的哲明街，因此該拱廊幾乎全是為男士們服務的商店，包含男

士的帽子店與鞋子店。與王子拱廊平行的是皮克迪里拱廊（Piccadilly Arcade），同樣是以提供男士們採買的店家為主。包括了超過百年的襯衫製造商Budd，以及曾獲皇室青睞御用的裁縫Benson & Clegg。此外，舉凡帽子、鞋子、領帶、吊帶、能拉至膝蓋的長襪、香水、刮鬍刀、能打造出完美紳士油頭的髮蠟、絲質睡袍、絲絨拖鞋等，在此均可找到。如果說這條短短的拱廊包辦了一個男士從「頭」到「腳」的裝備，實在一點也不誇張。

皮克迪里拱廊在哲明街的出口處矗立了一座銅像，紀念的是活躍於十九世紀初期的社會名流、男性時尚的始祖布魯梅爾。他另一個廣為人知的稱呼是「花花公子」Beau Brummell。Beau在法文的意思是漂亮的、英俊的；在英文裡代表善於打扮的時髦男子。布魯梅爾改革了當時陳舊累贅的男性穿著習慣，引領了男裝的演進，並有很長一段時間成了「型男」的代名詞。這座於二○○二年落成的銅像雙眼直直望著皮克迪里拱廊來來往往的遊客。哲明街一帶經過了歲月的洗禮與二次世界大戰的戰火，已與布魯梅爾身處的攝政時期的樣子改變甚多，唯獨不變的是穿梭於此的男士們對於時裝與潮流的熱愛。

去酒吧不一定得非在晚上不可。對英國人來說，只要沒事，從中午直至三更半夜都是去酒吧的好時機。

紳士風範的練習場——餐廳與酒吧

和女士上高級餐廳，請她們一屁股坐在柔軟的沙發上，聽著她們喋喋不休，並讓她們享有發號施令的權力。然而，一年總有那麼幾次，我們想讓耳根子清靜一下，並且拒絕過多的甜食與蔬菜。這時，雙腳便會不自覺地前往一場純男子的聚會。

避開了所有以有機為名的餐廳，點了熱量與膽固醇具高的餐點，以及需要張開血盆大口才能咬下的巨無霸漢堡。闔上從來沒有看懂過的酒單，然後再毫無廉恥地揀幾瓶最便宜的紅酒。幾杯黃湯下肚後，心中的防禦工事已然卸下。腦中像是被啟動了某一個開關，忽然思路清晰，口齒流暢。場面變得越來越熱烈，你來我往，互不相讓。席間充斥著杯子的碰撞聲、粗鄙的口頭禪、自我解嘲，以及從未向異性提及、潛藏心中已久的祕密。

在約定好的最後一杯酒精滑過喉嚨時，我們終於領悟到：一場只有男士的聚會，其實遠比想像中更有意思！

在倫敦展現紳士風範

有幸與女伴一同上餐廳，千萬別忘了展現你的紳士風範。首先，一定要先讓女士先挑選座位。如果她沒有特別的偏好，那就讓女士坐在面向門口的位子吧！男士們應該坐在面向餐廳內部的位子，以便隨時呼喚侍者點菜或拿帳單。如果你的桌子有一部分是沙發椅，一部分是普通的椅子，則沙發都是留給女士的。在她坐下之前，我們需要為她拉椅子嗎？這是一個有一點點過時的傳統，即便在倫敦也很少有人這麼做了。尤其在高級餐廳，皆會有侍者代勞，若硬是要幫忙，反而會顯得有些彆扭！此外，當服務生來點菜時，千萬別劈頭就說自己想吃什麼。請記得，紳士們總是會讓女士先發表意見的。

襯衫、領結、口袋方巾、白色晚宴服外套、黑色長褲，皆來自Delvero。

在倫敦何處填飽肚子

Burger & Lobster

☞ 36 Dean Street, Soho, London, W1D 4PS
✆ +44 (0) 20 7432 4800
☞ 29 Clarges Street, Mayfair, London, W1J 7EF
✆ +44 (0) 20 7409 1699

店內僅提供三種餐點：牛肉漢堡、龍蝦三明治與碳烤龍蝦。所有的餐點皆為二十英鎊，並附送分量足夠的沙拉與薯條。最受客人們歡迎的菜餚無疑是碳烤龍蝦。當一整隻熱騰騰、香噴噴的龍蝦端上桌，搭配一杯冰涼的比利時啤酒，你不得不承認這兒絕對是倫敦客們公認性價比最高的海鮮餐廳！超過六人以上才接受訂位。假日容易大排長龍，若方便的話，可以選擇平日下午來訪。

Buonasera Restaurant at The Jam

☞ 289A King's Road, Chelsea, London, SW3 5EW
✆ +44 (0) 20 7352 8827

位於雀兒喜區的神祕餐廳，販售地中海式料理。推開大門後，一定會對眼前層層疊疊、上下交錯、宛如樹屋般的用餐空間留下深刻印象。此店不僅滿足了我們兒時對於有一天能置身樹屋的幻想，其提供的餐點也會令你讚不絕口！

Goodman

☞ 26 Maddox Street, Mayfair, London, W1S 1QH
✆ +44 (0) 20 7499 3776

倫敦最炙手可熱的牛排館！對於要求極高的純肉食主義者們，此處絕對可以滿足你們對於血淋淋、香噴噴的紅肉大快朵頤一番的慾望。在此特別推薦肋眼牛排與煎鵝肝！由於此餐廳非常熱門，最好提早訂位。

Rules

☞ 35 Maiden Lane, Covent Garden, WC2E 7LB
✆ +44 (0) 20 7836 5314

一間超過兩百年歷史的餐廳，販售傳統的英國菜。將英國菜視為畏途者，必定得來造訪。此處乃英國菜洗刷汙名、絕地反攻的根據地！在懷舊典雅的裝潢、打扮講究的男女客人們的環繞下，吃著盤中道地的美食，相信你一定會拋棄先入為主的概念，對英格蘭料理大為改觀。看著選項繁多的菜單，如果一時拿不定主意，那就來份烤牛肉與約克夏布丁吧！

Sakana-tei

☞ 11 Maddox Street, London, W1S 2QF
✆ +44 (0) 20 7629 3000

雖然有點難為情，但我們必須承認，即使只是短暫地旅遊歐洲，我們仍然壓抑不了想吃亞洲食物的慾望。此處提供道地的日本料理，以生魚片、壽司為主，是一家深受住在倫敦的日本人們歡迎的餐廳。由於餐廳空間狹小，因此最好事先訂位。

Pub、bar與club究竟有何不同？

Pub是英國社交文化中最重要的一環！如果在亞洲，典型的朋友間的聚會始於一頓圍繞著圓桌的豐盛晚餐，終於午夜過後的歡唱包廂；那麼典型的英式聚會便是在下班過後在pub裡的小酌。Pub本意是public house，意思是提供眾人交際的場所。Pub裡不只提供酒精，也提供餐點。許多pub裡的餐點是非常有水準的。除了熟食皆是現做的之外，因為客流量大，食材也很新鮮。到了禮拜天，有些pub會提供著名的周日燒烤（Sunday roast），鄰近的住戶們便會攜家帶眷來共享天倫時光。事實上，很多人認為pub food可以作為道地英國食物的代表。此外，pub通常都設有電視，在足球賽開打的季節，店內便會擠滿熱血的足球迷們，一邊喝著啤酒，一邊吃喝喧囂。

Bar與pub皆可稱之為酒吧，因此很容易混淆。Bar通常不提供食物，僅提供酒精與飲料。Bar有許多不同的類型與等級，有的提供華麗的花式調酒，有的提供頂級的紅酒品嘗，有的提供現場音樂表演。此外，有的高級酒吧為私人會員制，這便與pub開放給普羅大眾的本意明顯不同了。

Club我們常稱之為夜總會。基本上的構成要件就是酒精、音樂與舞池。Club通常會收取門票，對客人的年齡也有限制。

在pub體驗道地的英國文化

去酒吧不一定得非在晚上不可。對英國人來説，只要沒事，從中午直至三更半夜都是去酒吧的好時機。夏日的午後，大約三點到六點，找一個門外放置著木桌、木椅的酒吧，你便能一邊享受歐洲溫暖和煦的日照，一邊和三五好友敞開心胸，談天説地。六點過後，酒吧會湧入大批倫敦的上班族，四季皆然，風雨無阻。此時，酒吧便化身為近距離觀察倫敦人的最佳地點。若豎起耳朵仔細聽聽他們高分貝的談話，便像聽一場赤裸裸的肥皂劇，偶爾也可以是血淋淋的政治評論節目。若在接近午夜時分造訪酒吧，則又是另一番光景。靠近鬧區的酒吧還是人聲鼎沸，打扮入時的男女穿梭不息，酒吧裡衣香鬢影，或許是等待著午夜過後的另一場盛宴吧！彷彿可以聽見他們的鞋跟因過度興奮而敲擊地面的聲音。當然，偶爾也可以看見喝得爛醉、跌跌撞撞走出酒吧的醉漢。

去酒吧時，請兩手空空的前往。把沉重的包包留在旅館裡，饒了被你折磨了一天的雙肩，然後在口袋裡隨便塞一點鈔票即可。千萬別帶照相機去！酒吧是讓人飲酒作樂的地方，沒有什麼非拍不可的景致。此外，酒吧裡不時人潮洶湧，空間狹小，多帶了什麼累贅又值錢的物品，只會把自己搞得心神不寧，無法好好享受一個讓心靈放縱的夜晚。

在此，毋須提供倫敦酒吧地圖，因為酒吧無處不在！倫敦酒吧密集的程度，恐怕正如同亞洲人最引以為傲的便利商店呢。

給初次造訪倫敦酒吧者的簡易指南

● 什麼啤酒適合視酒精為畏途者？

　　→Sol或Corona，帶有微微甜味。

● 什麼啤酒適合看盡百態、終於認清人生乃苦多於樂者？

　　→Guinness。

● 喝什麼啤酒最有男子氣概？

　　→Kronenbourg。

● 什麼啤酒淡如清水，適合一整夜喋喋不休的持久戰？

　　→Carlsberg Special Brew或San Miguel。

● 什麼啤酒適合自詡上流者飲用？

　　→帶有香檳氣味的Curious Crew。

● 倫敦的老男人杯中最常出現什麼啤酒？

　　→Fuller's London Pride。

● 什麼啤酒的味道類似台灣啤酒，一飲而盡後能稍解思鄉之情？

　　→Foster's。

● 什麼酒適合滴酒不沾、想魚目混珠者？

　　→Ginger Ale。

● 什麼酒適合穿著三件式西裝、口袋裡插著絲巾者？

　　→Gin & Tonic。

Clint Lee
—— DJ、音樂製作人

Q 請問你在倫敦住了多久？

A 我在倫敦住了十四年，之前住在南非。

Q 如果你有一個悠閒的下午，倫敦的哪裡會是你想要消磨時光的地方呢？

A 我喜歡泰晤士河（River Thames）南岸，大概從倫敦橋（London Bridge）到滑鐵盧車站（Waterloo Station）一帶。這一帶有許多街頭塗鴉、街頭藝人，以及很多形形色色的人來來往往，沿著河堤走一趟下來非常有意思。

Q 對你來說，哪裡是倫敦最佳的購物地點？

A 由於我是一個非常忙碌的人，因此網路購物是我最喜歡的購物模式。如果是實體店面的話，我喜歡位於西倫敦的Selfridges百貨公司。我想要找的款式在這兒幾乎一應具全。

Q 身為一個在音樂產業工作的人，請指點我們倫敦的美好音樂何處可尋？

A 喜歡電子音樂的人，在東倫敦的修爾迪奇（Shoreditch）與哈克尼（Hackney）一帶有很多帶有地方色彩的舞廳與俱樂部，像是Basing House，或是Fabric，美妙的音樂絕對能夠讓你舒展久未活動的筋骨、喚醒體內沉睡多時的舞蹈細胞。至於喜歡爵士樂的人，不妨前往位於北倫敦的The Jazz Café Camden或蘇活區（Soho）的Ronnie Scotts一遊。這裡的氣氛慵懶悠閒，還有實力派演唱家的現場演出，一定可以在此度過一個繽紛綺麗的夜晚。

Q 從你的角度來看，一個當代男人的衣櫃裡，絕對要有的三個單品是什麼呢？

A 根據我非常私人的經驗，答案是一雙Jeffery West的短靴、一瓶Tom Ford的 Black Orchet香水，以及一條皮褲。皮褲是我在多年前看完了《*The Doors*》這部 已故傳奇搖滾樂手吉姆・莫里森（Jim Morrison）的紀錄影片後所受到的啟發。 當然，身處二〇一五年，皮褲的剪裁一定要夠緊、夠窄，否則反而弄巧成拙。

Q 在夏季與冬季時，你最常穿的分別是什麼呢？

A 因為DJ工作的關係，連續七年的夏天我都在西班牙的伊維薩島（Ibiza）上度 過。在如此的度假勝地，我的打扮便從善如流，與一般來狂歡的觀光客無 異，背心、短褲、人字拖鞋。但這樣的穿著恐怕就不太適合倫敦了。至於冬天 的話，我會穿上一身的黑，就像今天一樣：黑色的高筒運動鞋、牛仔褲與黑 色皮衣。

Q 音樂與時裝是否有所關連、互相影響？

A 當然囉。最簡單的例子就是龐克音樂與龐克風潮的服裝、嘻哈音樂與嘻哈 風格的服裝。如果以DJ產業來說的話，鐵克諾流派（techno）的DJ，像是Dub Fire、Richie Hawtin等，穿著較為極簡主義，常常就是一身的黑；越趨近浩室音 樂（house）風格的DJ，像是Ricardo Villalobos，穿著也越輕鬆、越有嬉皮風味。

Q 你心中最會穿衣服的男人是誰呢？

A 我喜歡英國喜劇演員羅素・布蘭德（Russell Brand）的風格：凌亂的鬍髮、敞 開的花襯衫、巨大的皮帶扣環、窄管褲、尖頭靴，以及一大串的項鍊與手環。 有點復古、有點招搖、玩世不恭又帶有一點嬉皮的味道。

__後記

人們常說，寫作是一條漫長而孤獨的路。我同意。對於沒有寫作經驗的我來說，猶是如此。雖然這一年來的寫作歷程是孤獨的，但很慶幸地，我並不孤單。首先，我最要感謝的是我的母親與父親，從小到大對我提供源源不絕的愛與栽培，並且給予我足夠的時間與空間，讓我探索自我；我也要感謝我的哥哥郭仲軒，在寫作期間始終扮演著我心靈上的支柱。此外，我還要感謝這本書的編輯何若文女士，讓我腦海裡的空中樓閣有在現實世界裡成真的機會。最後，我也要特別感謝許多在倫敦以不同形式來幫助我的人：包括在忙碌的生活中撥冗接受我訪談的各界人士、在專業上給予我意見的前輩們，以及無償貢獻出他們帥氣身影讓本書大為增色的倫敦型男們。

A massive thanks to Manuel Krueger for supporting me, being my Muse and inspiring me. I would also like to show my gratitude to Terry Seraphim, Marc Hare, Simon Cundey, Riccardo Renzi, Christian Haugaard, Rudy Budhdeo, Adrian Barbu, Andrew Peter Phillis, Mark Toulson, Charles Law, Clint Lee, Gino Anganda, James Duncan, Kristian Bayliss, Mervyn Boriwondo, Roberto Daroy, Daniele Caldi, and Iris Tung for sharing your precious knowledge and experience with me. I am also grateful to Jack Spenser Chapman for being my first model to support my project. Thanks to Joshua Al-Chamaa, Krishan Chudasama, Roberto Lazaro, Giuseppe Cervicato, James Bond Ramos, Marcis Esite, Viktor Breki Oskarsson, and Mark Livermore for presenting the true Londoners' style for my readers. Last but not least, a special thanks to Pierre-Henri Bertinier for always supporting me spiritually. I could not have made it without any of you.

想繼續追蹤倫敦男裝嗎？請持續關注「倫敦男裝地圖」（http://www.dapper-men.com），以及臉書粉絲專頁「輕熟男的倫敦時尚筆記」。

Style 14 **英倫紳士潮** 探索男裝的美好，就從這裡開始

作者 ／ 郭仲津　**人物攝影** ／ George Kyriacou 郭仲軒 郭仲津　**景物攝影** ／ Camilla Kulpherk Cucurnia 郭仲軒 郭仲津　**造型** ／ 郭仲津　**插畫** ／ 誌鈺
責任編輯 ／ 何若文　**特約編輯** ／ 潘玉芳　**美術設計** ／ 謝富智　**版權部** ／ 吳亭儀、翁靜如　**行銷業務** ／ 林彥伶、石一志　**總編輯** ／ 何宜珍
總經理 ／ 彭之琬　**發行人** ／ 何飛鵬　**法律顧問** ／ 台英國際商務法律事務所　羅明通律師　**出版** ／ 商周出版　臺北市中山區民生東路二段141
號9樓　電話：(02) 2500-7008　傳真：(02) 2500-7759　E-mail：bwp.service@cite.com.tw　**發行** ／ 英屬蓋曼群島商家庭傳媒股份有限公司城邦分公司
臺北市中山區民生東路二段141號2樓　**讀者服務專線** ／ 0800-020-299　24小時傳真服務：(02)2517-0999　讀者服務信箱E-mail：cs@cite.com.tw
劃撥帳號 ／ 19833503　戶名：英屬蓋曼群島商家庭傳媒股份有限公司城邦分公司　**訂購服務** ／ 書虫股份有限公司客服專線：(02)2500-7718：2500-
7719　服務時間：週一至週五上午09:30-12:00；下午13:30-17:00　24小時傳真專線：(02)2500-1990：2500-1991　劃撥帳號：19863813　戶名：書虫股份
有限公司　E-mail：service@readingclub.com.tw　**香港發行所** ／ 城邦(香港)出版集團有限公司　香港灣仔駱克道193號東超商業中心1樓　電話：
(852) 2508 6231傳真：(852) 2578 9337　**馬新發行所** ／ 城邦(馬新)出版集團　Cité (M) Sdn. Bhd. (458372U)　11, Jalan 30D/146, Desa Tasik, Sungai
Besi,57000 Kuala Lumpur, Malaysia.　電話：603-90563833　傳真：603-90562833　行政院新聞局北市業字第913號　**印刷** ／ 卡樂彩色製版印刷有
限公司　**總經銷** ／ 聯合發行股份有限公司　電話：(02)2917-8022　傳真：(02)2911-0053　2016年(民105) 01月01日初版　2020年(民109) 02月18日初版4刷
Printed in Taiwan　定價420元　著作權所有‧翻印必究　商周部落格：http://bwp25007008.pixnet.net/blog　ISBN 978-986-272-897-0　城邦讀書花園

國家圖書館出版品預行編目資料　英倫紳士潮：探索男裝的美好，就從這裡開始 ／ 郭仲津著. -- 初版. -- 臺北市 : 商周出版 : 家庭傳媒城邦分公
司發行, 民105.01　224面 ; 17* 23公分. -- (Style ; 14) ISBN 978-986-272-897-0 (平裝)　1.男裝　2.衣飾　3.時尚　423.21　104019521

STYLE

STYLE